BIM 技术与
建筑结构设计应用研究

张学任　牛建辉　郭星星　著

吉林科学技术出版社

图书在版编目（CIP）数据

BIM技术与建筑结构设计应用研究 / 张学任，牛建辉，
郭星星著 . -- 长春：吉林科学技术出版社，2023.7
ISBN 978-7-5744-0798-5

Ⅰ．①B… Ⅱ．①张… ②牛… ③郭… Ⅲ．①建筑结
构—计算机辅助设计—应用软件 Ⅳ．① TU311.41

中国国家版本馆CIP数据核字（2023）第 166962 号

BIM 技术与建筑结构设计应用研究

著	张学任　牛建辉　郭星星
出 版 人	宛　霞
责任编辑	周振新
封面设计	树人教育
制　　版	树人教育
幅面尺寸	185mm×260mm
开　　本	16
字　　数	300 千字
印　　张	13.75
印　　数	1–1500 册
版　　次	2023年7月第1版
印　　次	2024年2月第1次印刷

出　　版	吉林科学技术出版社
发　　行	吉林科学技术出版社
地　　址	长春市福祉大路5788号
邮　　编	130118
发行部电话/传真	0431-81629529 81629530 81629531
	81629532 81629533 81629534
储运部电话	0431-86059116
编辑部电话	0431-81629518
印　　刷	三河市嵩川印刷有限公司

书　　号	ISBN 978-7-5744-0798-5
定　　价	85.00元

前　言

建筑结构设计是根据建筑、给排水、电气和采暖通风的要求，合理地选择建筑物的结构类型和结构构件，采用合理的简化力学模型进行结构计算，然后依据计算结果和国家现行结构设计规范，完成结构构件的计算，最后依据计算结果绘制施工图的过程，可以分为确定结构方案、结构计算与施工图设计三个阶段。因此，建筑结构设计是一个非常系统的工作，需要掌握扎实的基础理论知识，并具备严肃、认真和负责的工作态度。

当下，在建设工程领域，BIM 技术已经由一个热词，逐渐转化成一种项目全生命周期信息化管理技术，业内工程师都在积极探索和广泛推行 BIM 技术的落地应用，在国内很多项目已成功应用并取得了良好效果，如北京大兴机场航站楼、深圳孙逸仙心血管医院新院区等，不同的应用主体在建设工程的不同阶段应用 BIM 技术，取得了不同的成效。

本书主要研究 BIM 技术与建筑结构设计方面的问题，涉及丰富的建筑结构设计知识。主要内容包括建筑结构设计的基础知识、预应力混凝土构件、钢筋混凝土构件、钢结构建筑、砌体结构、BIM 建筑结构建模等。本书兼具理论与实际应用价值，可供相关教育工作者参考和借鉴。

由于笔者水平有限，本书难免存在不妥甚至谬误之处，敬请广大学界同仁与读者朋友批评指正。

目　录

第一章　建筑结构设计概论

第一节　基本建设程序

建设程序是对基本建设项目从酝酿、规划到建成投产所经历的整个过程中的各项工作开展先后顺序的规定。它反映了工程建设各个阶段之间的内在联系，是从事建设工作的各有关部门和人员都必须遵守的原则。

我国基本建设工作程序和内容主要包括9项步骤。步骤的顺序不能任意颠倒，但可以合理交叉。这些步骤的先后顺序如下：

（1）编制项目立项建议书：对建设项目的必要性和可行性进行初步研究，提出拟建项目的轮廓设想。

（2）编制可行性研究报告和设计任务书：具体论证和评价项目在技术和经济上是否可行，根据财力进行投资控制，并对不同方案进行分析比较；可行性研究报告作为设计任务书的附件。设计任务书对是否上这个项目，采取什么方案，选择什么建设地点，做出决策。

（3）项目设计：项目设计是从技术和经济上对拟建工程做出详尽规划，设计的最终结果为施工图纸。设计单位根据设计任务书进行方案设计，进行造价估算。设计方案确定后，大中型项目一般采用两段设计，即初步设计与施工图设计，根据初步设计结果编制概算，根据施工图设计结果编制施工图预算。技术复杂的项目，可增加技术设计，按三个阶段进行，并根据技术设计结果修正概算。

（4）安排计划：可行性研究和初步设计，送请有条件的工程咨询机构评估；最终的施工图报图纸审查机构进行图纸审查，审查合格的图纸方可用于施工；报计划部门，经过综合平衡，列入年度基本建设计划。

（5）建设准备：包括征地拆迁，搞好"三通一平"（通水、通电、通道路、平整土地）落实施工单位，组织物资订货和供应，以及其他各项准备工作。

（6）组织施工：准备工作就绪后，提出开工报告，经过批准，即开工兴建；遵循施工程序，按照设计要求和施工技术验收规范，进行施工安装。

（7）生产准备：生产性建设项目开始施工后，及时组织专门力量，有计划有步骤地开展生产准备工作。

（8）竣工验收：按照规定的标准和程序，对竣工工程进行验收，编制竣工验收报告和竣工决算，并办理固定资产交付生产使用手续。

（9）项目后评价：项目完工后，对整个项目的造价、工期、质量、安全等指标进行分析评价或与类似项目进行对比。

从上可知，基本建设程序主导线为设计和施工两个阶段，对主导线起保证作用的有两条辅线，其一为对投资的控制，另一为质量和进度的监控。

第二节　结构设计的程序

建筑物的设计可以分为方案设计、技术设计和施工图设计三个设计阶段，涵盖建筑结构和设备（水暖电）三大部分，包括建筑设计、结构设计、给排水设计、电气设计和采暖与通风设计等分项。设计人员在进行每项设计时，都应围绕建筑物功能、美观、经济和环保等方面来进行。功能上必须满足使用要求，美观上必须满足人们的审美情趣，经济上应具有最佳的技术经济指标，环保上要求是符合可持续发展的低碳建筑。而建筑物功能美观、经济和环保之间有时可能是相互矛盾的，比如将建筑物的安全性定得越高，功能要求越复杂，建筑物的造价可能会越高，设计的重要任务之一就是保证满足这些要求的最佳取舍。

结构设计是建筑物设计的重要组成部分，是建筑物发挥使用功能的基础。结构设计的主要任务就是根据建筑、给排水、电气和采暖通风的要求，主要是建筑上的要求，合理地选择建筑物的结构类型和结构构件，采用合理的简化力学模型进行结构计算，然后依据计算结果和国家现行结构设计规范，完成结构构件的设计计算。设计者应对计算结果做出正确的判断和评估，最后依据计算结果绘制结构施工图。结构设计施工图纸是结构设计的主要成果表现，因此，结构设计可以分为方案设计、结构分析、构件设计和施工图绘制四个步骤。

一、方案设计

方案设计又叫初步设计。结构方案设计主要是指结构选型、结构布置和主要构件的截面尺寸估算以及结构的初步分析等内容。

1. 结构类型的选择

结构选型包括上部结构的选型和基础结构的选型，主要依据建筑物的功能要求、现行结构设计规范的有关要求、场地土的工程地质条件、施工技术、建设工期和环境要求，经过方案比较、技术经济分析，加以确定。其方案的选择应当体现科学性、先进性、经济性和可实施性。科学性就是要求结构传力途径明确、受力合理；先进性就是尽量要采新技术、新材料、新结构和新工艺；经济性就是要降低材料的消耗、减少劳动力的使用量和建筑物的维护费用等；可实施性就是施工方便，按照现有的施工技术可以建造。

结构类型的选择，应经过方案比较后综合确定，主要取决于拟建建筑物的高度、用途、施工条件和经济指标等。一般是遵循砌体结构、框架结构、框架－剪力墙结构、剪力墙结构和筒体结构的顺序来选择，如果该序列靠前的结构类型，不能满足建筑功能、结构承载力及变形能力的要求，才采用后面的结构类型。比如，对于多层住宅结构，一般情况下，砌体结构就可以满足要求，尽量不采用框结构或其他的结构形式。当然，从保护土地资源的角度出发，尽可能不要用黏土砖砌体。

2.结构布置

结构布置包括定位轴线的标定、构件的布置以及变形缝的设置。

定位轴线用来确定所有结构构件的水平位置，一般只设横向定位轴线和纵向定位轴线，当建筑平面形状复杂时，还要设斜向定位轴线。横向定位轴线习惯上从左到右用①、②、③表示；纵向定位轴线从下至上用 A、B、C 表示。定位轴线与竖向承重构件的关系一般有三种：砌体结构定位轴线与承重墙体的距离是半砖或半砖的倍数；单层工业厂房排架结构纵向定位轴线与边柱重合或之间加一个联系尺寸；其余结构的定位与竖向构件在高度方向较小截面尺寸的截面形心重合。

构件的布置就是确定构件的平面位置和竖向位置，平面位置通过与定位轴线的关系来确定，而竖向位置通过标高确定。一般在建筑物的底层地面、各层楼面、屋面以及基础底面等位置都应给出标高值，标高值的单位采用 m（注：结构施工图中，除标高外其余尺寸的单位采用 mm）。建筑物的标高有建筑标高和结构标高两种。所谓建筑标高就是建筑物建造完成后的标高，是结构标高加上建筑层（如找平层、装饰层等）厚度的标高。结构标高是结构构件顶面的标高，是建筑标高扣除建筑层厚度的标高。一般情况下，建筑施工图中的标高是建筑标高，而结构施工图中的标高是结构标高。当然，结构施工图中也可以采用建筑标高，但应特别说明，施工时由施工单位自行换算为结构标高。建筑标高以底层地面为 ±0.000，往上用正值表示，往下用负值表示。

结构中变形缝有伸缩缝、沉降缝和防震缝三种。设置伸缩缝的目的是减小房屋因过长或过宽而在结构中产生的温度应力，避免引起结构构件和非结构构件的损坏。设置沉降缝是为了避免因建筑物不同部位的结构类型、层数、荷载或地质情况不同导致结构或非结构构件的损坏。设置防震缝是为了避免建筑物不同部位因质量或刚度的不同，在地震发生时具有不同的振动频率而相互碰撞导致损坏。

沉降缝必须从基础分开，而伸缩缝和防震缝的基础可以连在一起。在抗震设防区，伸缩缝和沉降缝的宽度均应满足防震缝的宽度要求。由于变形缝的设置会给使用和建筑平面、立面处理带来一定的麻烦，所以应尽量通过平面布置、结构构造和施工措施（如采用后浇带等）不设缝或少设缝。

3.截面尺寸估算

结构分析计算要用到构件的几何尺寸，结构布置完成后，需要估算构件的截面尺寸。构件截面尺寸一般先根据变形条件和稳定条件，由经验公式确定，截面设计发现不满足要求时再进行调整。水平构件根据挠度的限值和整体稳定条件可以得到截面高度与跨度的近似关系。竖向构件的截面尺寸根据结构的水平侧移限制条件估算，在抗震设防区的混凝土构件还应满足轴压比限值的要求。

4.结构的初步分析

建筑物的方案设计是建筑、结构、水、电、暖各专业设计互动的过程，各专业相互合作、相互影响，直至最后达成一致并形成初步设计文件，才能进入施工图设计阶段。在方案设计阶段，建筑师往往需要结构师预估楼板的厚度、梁柱的截面尺寸，以便确定层高、门窗洞口的尺寸等；同时，结构工程师也需要初步评估所选择的结构体系在预期的各种作用下的响应，以评价所选择的结构体系是否合理。这都要求对结构进行初步的分析。由于在方案阶段建筑物还有许多细节没有确定，所以结构的初步分析必须抓住结构的主要方面，忽略一些细节，计算模型可以相对粗糙一些，但得出的结果应具有参考意义。

二、结构分析

结构分析是要计算结构在各种作用下的效应，它是结构设计的重要内容。结构分析的正确与否直接关系到所设计结构的安全性、适用性和耐久性是否满足要求。结构分析的核心问题是计算模型的确定，可以分为计算简图、计算理论和数学方法三个方面。

1.计算简图

计算简图是对实际结构的简化假定，也是结构分析中最为困难的一个方面，简化的基本原则，就是分析的结果必须能够解释和评估真实结构在预设作用下的效应，尽可能反映结构的实际受力特性，偏于安全且简单。要使计算简图完全精确地描述真实结构是不现实的，也是不必要的，因为任何分析都只能是实际结构一定程度上的近似。因此，在确定计算简图时：应遵循一些基本假定：

（1）假定结构材料是均质连续的。虽然一切材料都是非均质连续的，但组成材料颗粒的间隙比结构的尺寸小很多，这种假设对结构的宏观力学性能不会引起显著的误差。

（2）只有主要结构构件参与整体性能的效应，即忽略次要构件和非结构构件对结构性能的影响。例如，在建立框架结构分析模型时，可将填充墙作为荷载施加在结构上，忽略其刚度对结构的贡献，从而导致结构的侧向刚度偏小。

（3）可忽略的刚度，即忽略结构中作用较小的刚度。例如，楼板的横向抗弯刚度、剪力墙平面外刚度等。该假定的采用需要根据构件在结构整体性能中应发挥的作用来进行确定。例如，一个由梁柱组成的框架结构，在进行结构整体分析时，可以忽略楼板的抗弯刚度、梁的抗扭刚度等。但在进行楼板、梁等构件的分析时，就不能忽略上述刚度。

（4）相对较小的和影响较小的变形可以忽略。包括：楼板的平面内弯曲和剪切变形、多层结构柱的轴向变形，等等。

2. 计算理论

结构分析所采用的计算理论可以是线弹性理论、塑性理论和非线性理论。

线性理论最为成熟，是目前普遍采用的一种计算理论，适用于常用结构的承载力极限状态和正常使用极限状态的结构分析。根据线弹性理论计算时，作用效应与作用成正比，结构分析也相对容易得多。

塑性理论可以考虑材料的塑性性能，比较符合结构在极限状态下的受力状态。塑性理论的实用分析方法主要有塑性内力重分布和塑性极限法。

非线性包括材料非线性和几何非线性。材料非线性是指材料、截面或构件的本构关系如应力－应变关系、弯矩曲率关系或荷载－位移关系等，是非线性的。几何非线性是指由于结构变形对其内力的二阶效应使荷载效应与荷载之间呈现出非线性关系。结构的非线性分析比结构的线性分析复杂得多，需要采用送代法或增量法计算，叠加原理也不再适用。在一般的结构设计中，线性分析已经足够。但是，对于大跨度结构、超高层结构，由于结构变形的二阶效应比较大，非线性分析是必需的。

3. 数学方法

结构分析中所采用的数学方法不外乎有解析法和数值法两种。解析法又称为理论解，但由于结构的复杂性，大多数结构都难以抽象成一个可以用连续函数表达的数学模型，其边界条件也难以用连续函数表达，因此，解析法只适用于比较简单的结构模型。

数值方法可解决大型、复杂工程问题求解，计算机程序采用的就是数值解。常用的数值方法有有限单元法、有限差分法、有限条法等。其中，应用最广泛的是有限单元法。这种方法将结构离散为一个有限单元的组合体，这样的组合体能够解析地模拟或逼近真实结构的解域。由于单元能够按不同的连接方式组合在一起，并且单元本身又可以有不同的几何形状，因此可以模拟几何形状复杂的结构解域。目前，国内外最常用的有限单元结构分析软件有 PKPM、SAP2000、ETABS、MIDAS、ANSYS 以及 ADINA 等。

尽管目前工程设计的结构分析基本上都是通过计算机程序完成的，一些程序甚至还可以自动生成施工图，但应用解析方法或者说是手算方法来进行结构计算，对于土木工程专业的学生来说，仍是十分重要。但基于手算的解析解是结构设计的重要基础，解析解的概念清晰，有助于人们对结构受力特点的把握，掌握基本概念。作为一个优秀的结构工程师，不仅要求掌握精确的结构分析方法，还要求能对结构问题做出快速的判断，这在方案设计阶段和处理各种工程事故、分析事故原因时，显得尤为重要。而近似分析方法可以训练人的这种能力、培养概念设计能力。

三、构件设计

构件设计包括截面设计和节点设计两个部分。对于混凝土结构，截面设计有时也称为配筋计算，因为截面尺寸在方案设计阶段已初步确定，构件设计阶段所做的工作是确定钢筋的类型、放置位置和数量。节点设计也称为连接设计。

构件设计有两项工作内容：计算和构造。在结构设计中，一部分内容是由计算确定的，而另一部分内容则是根据构造规定确定的。构造是计算的重要补充，两者是同等重要的，在设计规范中对构造都有明确的规定。千万不能重计算、轻构造。

四、施工图绘制

结构设计的最后一个步骤是施工图绘制施工作，结构设计人员提交的最终成果就是结构设计图纸。图是工程师的语言，工程师的设计意图是通过图纸来表达的。图面的表达应该做到正确、规范、简洁和美观。

第三节　结构概念设计

概念设计就是在结构初步设计过程中，应用已有的经验，进行结构体系的选择、结构布置，并从总体上把握结构的特性，使结构在预设的各种作用下的反应控制在预期的范围内。概念设计的主要内容有：结构体系的选择、建筑形体及构件布置、变形缝的设置和构造等。

一、结构体系的选择

所谓结构的选型就是选择合理的结构体系，应根据建筑物的平面布置、抗震设防类别、抗震设防烈度、建筑高度、场地条件、地基、结构材料和施工因素等，经技术、经济和使用条件综合比较后再确定。我国现行的《建筑抗震规范》（GB50011—2010）明确规定，结构体系应符合以下各项要求：

（1）有明确的计算简图和合理的地震作用传递途径。

（2）应避免因部分结构或构件破坏而导致丧失抗震能力或对重力荷载的承载能力。这就要求结构应设计成超静定体系，即使在某些部位遭到破坏时，也不会导致整个结构的失效。

（3）应具备必要的抗震承载力、良好的变形能力和消耗地震能量的能力。

（4）对可能出现的薄弱部位，应采取措施提高抗震能力。结构的薄弱部位一般出现在刚度突变，如转换层、竖向有过大的内收或外突、材料强度发生突变等部位，对这些部位都要采取措施进行加强。

建筑的高度是决定结构体系的又一重要因素。一般情况下，多层住宅建筑或其他横墙较多、开间较小的多层建筑，可采用砌体结构，而大开间建筑、高层建筑等，多采用框架结构、板柱结构（或板柱–剪力墙结构）、剪力墙结构、框架–剪力墙结构以及筒体结构等。

二、建筑形体及构件布置

在建筑结构设计中，除了选择合理的结构体系外，还要恰当地设计和选择建筑物的平立面形状和形体。尤其是在高层结构的设计中，保证结构安全性及经济合理性的要求比一般多层建筑更为突出，因此，结构布置、选型是否合理，应更加受到重视。结构的总体布置要考虑结构的受力特点和经济合理性，主要有3点：①控制结构的侧向变形；②合理的平面布置；③合理的竖向布置。

1. 控制结构的侧向变形

结构要同时承受竖向荷载和水平荷载，还要抵抗地震作用。结构所承受的轴向力、总倾覆弯矩以及侧移和高度的关系分别为 NcH、$NcH2$ 和 $N\alpha H4$。可见，水平荷载作用下，侧移随结构的高度增加最快。当高度增加到一定值时，水平荷载就会成为控制因素而使结构产生过大的侧移和层间相对位移，从而使居住者有不适的感觉，甚至破坏非结构构件。因此必须将结构的侧移限制在一个合理的范围内。另外，随着高度的增加，倾覆力矩也将迅速增大。因此，高层建筑中控制侧向位移常常成为结构设计的主要矛盾。限制结构的侧移，除了限制结构的高度外，还要限制结构的高宽比。一般应将结构的高宽比 H/B 控制在 5 ~ 6 以下这里 H 是指从室外地面到建筑物檐口的高度，B 是指建筑物平面的短方向的有效结构宽度。有效结构宽度一般是指建筑物的总宽度减去外伸部分的宽度。当建筑物变宽度时，一般偏于保守地取较小宽度。我国《高层建筑混凝土结构技术规程》（JGJ3—2010）和《建筑抗震设计规范》（GB50011—2010）对各种结构的高宽比给出了限值。

2. 平面布置

在一个独立的结构单元内，宜使结构平面形状简单、规则，刚度和承载力分布均匀。不应采用严重不规则的平面布置，高层建筑宜选用风作用效应较小的平面形状，如圆形、正多边形等。有抗震设防要求的高层建筑，一个结构单元的长度（相对其宽度）不宜过长，否则在地震作用时，结构的两端可能会出现反相位的振动，这将会导致建筑被过早地破坏。《高层建筑混凝土结构技术规程》（JGJ3—2010）对高层结构的长度、突出部分的长度也都有一定的要求：抗震设计的 A 级高度钢筋混凝土高层建筑其平面长度 L、突出部分长度 1 宜满足表 1–1 的要求；抗震设计的 B 级高度钢筋混凝土高层建筑、混合结构高层建筑以及复杂高层建筑结构，其平面布置应简单、规则，减少偏心对结构的影响，结构平面布置应减少扭转的影响。在考虑偶然偏心影响的地震作用下，楼层竖向构件的最大水平位移和层间位移，A 级高度的高层建筑最大水平位移不宜大于该楼层平均值的 1.2 倍，层间位移不应大于该楼层平均值的 1.5 倍；B 级高度的高层建筑、混合结构高层建筑以及复杂高层建筑，最大水平位移不宜大于该楼层平均值的 1.2 倍，层间位移不应大于该楼层平均值的 1.4 倍。第一个以扭转为主的振型周期与该结构的第一振型周期之比，A 级高度的高层建筑不大于 0.9，B 级高度的高层建筑、混合结构高层建筑以及复杂高层建筑不大于 0.85。

偶然偏心是指由于施工、使用或地面运动的扭转分量等因素所引起的偏心。采用底部剪力法或仅计算单向地震作用时，应考虑偶然偏心的影响。可以将每层的质心沿主轴的同一方向偏移 0.5L（L 为建筑物垂直于地震作用方向的总长度），来考虑偶然偏心。当计算双向地震作用时，可不考虑偶然偏心的影响。

表 1-1　平面尺寸及突出部分尺寸的比例限制

设防烈度	L/B	l/Bmax	l/b
6、7 度	≤ 6.0	≤ 0.35	≤ 2.0
8、9 度	≤ 5.0	≤ 0.30	≤ 1.5

3. 竖向布置

结构的竖向布置应力求形体规则、刚度和强度沿高度均匀分布，避免过大的外挑和内收，避免错层和局部夹层，同一层的楼面应尽量设在同一标高处。高层建筑结构设计中，经常会遇到结构刚度和强度发生变化的情形，对于这种情况，应逐渐变化。对于框架结构，楼层侧向刚度不宜小于相邻上部楼层刚度的 70% 以及其相邻上部三层侧向平均刚度的 80%。A 级高度高层建筑楼层抗侧力结构的层间受剪承载力不宜小于其相邻上一层受剪承载力的 80%，不应小于其上一层受剪承载力的 65%；B 级高度高层建筑楼层抗侧力结构的层间受剪承载力不应小于其相邻上一层受剪承载力的 75%。这里，楼层层间抗侧力结构受剪承载能力是指在所考虑的水平作用方向上，该楼层全部柱、剪力墙斜撑的受剪承载能力之和。抗震设计时，结构竖向抗侧力构件宜上、下连续贯通，当结构上部楼层收进部位到室外地画的高度 H 与房屋高度 H 之比大于 0.2 时，上部楼层收进后的水平尺寸 B，不宜小于下部楼层水平尺寸 B 的 75%；当上部结构楼层相对于下部楼层外挑时，下部楼层的水平尺寸 B，不宜小于上部楼层水平尺寸 B 的 0.9 倍，且水平外挑尺寸不宜大于 4m。

三、变形缝的设置和构造

在进行建筑结构的总体布置时，应考虑沉降、温度收缩和形体复杂对结构受力的不利影响，常用沉降缝、伸缩缝或防震缝将结构分成若干个独立单元，以减少沉降差、温度应力和形体复杂对结构的不利影响。但有时从建筑使用要求和立面效果以及防水处理困难等方面考虑，希望尽量不设缝。特别是在地震区，由于缝将房屋分成几个独立的部分，地震中可能会因为互相碰撞而造成震害。因此，目前的总趋势是避免设缝，并从总体布置上或构造上采取些措施来减少沉降、温度收缩和形体复杂引起的问题。

1. 沉降缝

一般情况下，多层建筑不同的结构单元高度相差不大，除非地基情况差别较大，一般不设沉降缝。在高层建筑中，常在主体结构周围设置 1～3 层高的裙房，它们与主体结构的高度差异悬殊，重量差异悬殊，会产生相当大的沉降差。过去常采用设置沉降缝的方法将结构从顶到基础整个断开，使各部分自由沉降，以避免由沉降差引起的附加应力对结构的危害。但是，高层建筑常常设置地下室，设置沉降缝会使地下室构造复杂，缝部位的防水构造也不容易做好；在地震区，沉降缝两侧上部结构容易碰撞造成危害。因此，目前在一些建筑中不设沉降缝，而将高低部分的结构连成整体，同时，采取一些相应措施以减少沉降差。这些措施是：

（1）采用压缩性小的地基，减小总沉降量及沉降差。当土质较好时，可加大埋深，利用天然地基，以减少沉降量。当地基不好时，可以用桩基将重量传到压缩性小的土层中，以减少沉降差。

（2）设置施工后浇带。把高低部分的结构及基础设计成整体，但在施工时，将它们暂时断开，待主体结构施工完毕，已完成大部分沉降量（50% 以上）以后，再浇灌连接部分的混凝土，将高低层连成整体。在设计时，基础应考虑两个阶段不同的受力状态，分别进行强度校核。连成整体后的计算应当考虑后期沉降差引起的附加内力。这种做法要求地基土较好，房屋的沉降能在施工期间内基本完成

（3）将裙房做在悬挑基础上，这样裙房与高层部分沉降一致，不必用沉降缝分开。这种方法适用于地基土软弱、后期沉降较大的情况。由于悬挑部分不能太长，因此裙房的范围不宜过大。

2. 伸缩缝

新浇混凝土在凝结过程中会收缩，已建成的结构受热要膨胀受冷则收缩，当这种变形受到约束时，会在结构内部产生应力。混凝土凝结收缩的大部分将在施工后的前两个月内完成而温度变化对结构的作用则是经常的。由温度变化引起的结构内力称为温度应力，它在房屋的长度方向和高度方向都会产生影响。

房屋的长度越长，楼板沿长度方向的总收缩量和温度引起的长度化就越大。如果楼板的变形受到其他构件（墙、柱和梁）约束，在楼板中就会产生拉应力或压应力。在约束构件中也会相应地受到推力或拉力，严重时会出现裂缝。多层建筑温度应力的危害一般在结构的顶层，而高层建筑温度应力的危害在房屋的底部数层和顶部数层都较为明显。

房屋基础埋在地下，它的收缩量和受温度变化的影响比较小，因而底部数层的温度变形及收缩会受到基础的约束；在顶部，由于日照直接照射，相对于下部各层楼板，屋顶层

的温度变化更为剧烈，可以认为屋顶层受到下部楼层的约束；中间各楼层，使用期间温度条件接近，变化也接近，温度应力影响较小。因此，在高层建筑中，温度裂缝常常出现在结构的底部或顶部。温度变化所引起的应力常在屋顶板的四角产生"八"字形裂缝或在楼板的中部产生"二"字形裂缝；墙体中产生裂缝会经常出现在房屋的顶层纵墙端部或横墙的两端，一般呈"八"字形，缝宽可达 1 ~ 2mm，甚至更宽。

为了消除温度和收缩对结构造成的危害，可以用伸缩缝将上部结构从顶部到基础顶部断开，分成独立的温度区段。结构温度区段的适用长度或伸缩缝的最大间距，见表 1-2。和沉降缝一样，这种伸缩缝也会造成多用材料、构造复杂和施工困难。

表 1-2   钢筋混凝土结构伸缩缝最大间距

结构类型		室内或土中	露天
排架结构	装配式	100	70
框架结构	装配式	75	50
	现浇式	55	35
剪力墙结构	装配式	65	40
	现浇式	45	30
挡土墙、地下室墙壁等类结构	装配式	40	30
	现浇式	30	20

温度、收缩应力的理论计算比较困难，究竟温度区段允许多长还是一个需要探讨的问题。但是，收缩应力问题必须重视。近年来，国内外已经比较普遍地采取了不设伸缩缝，而从施工或构造处理的角度来解决收缩应力问题的方法，房屋长度可达 130m，取得了较好的效果，归纳起来有下面几种措施：

（1）设后浇带。混凝土早期收缩占总收缩的大部分，建筑物过长时，可在适当距离选择对结构无严重影响的位置设后浇带，通常每隔 30 ~ 40m 设置一道。后浇带保留时间一般不少于 1 个月，在此期间收缩变形可完成 30% ~ 40%。后浇带的浇筑时间宜选择气温较低时，因为此时主体混凝土处于收缩状态。带的宽度一般为 800 ~ 1000mm，带内的钢筋采用搭接或直通加弯的做法。这样，带两边的混凝土在带浇灌以前能自由收缩。在受力较大部位留后浇带时，主筋可先搭接，浇灌前再进行焊接。后浇带混凝土宜用微膨胀水泥（如浇筑水泥）配制。

（2）局部设伸缩缝。由于结构顶部及底部受的温度应力较大，因此，在高层建筑中可采取在上面或下面的几层局部设缝的办法（约 1/4 全高）。

（3）从布置及构造方面采取措施减少温度应力的影响。由于屋顶受温度影响较大，通常应采取有效的保温隔热措施，例如，可采取双层屋顶的做法。或者不使屋顶连成整片大面积平面，而做成高低错落的屋顶。当外墙为现浇混凝土墙体时，也要注意采取保温隔热措施。

（4）在结构中对温度应力比较敏感的部位应适当加强配筋，以抵消温度应力，防止出现温度裂缝，比如在屋面板就应设置温度筋。

3. 防震缝

有些建筑平面复杂、不对称或各部分刚度、高度和重量相差悬殊时，在地震作用下，会造成过大的扭转或其他复杂的空间振动形态，容易造成连接部位的震害，这种情形可通过设置防震缝来避免。《高层建筑混凝土结构规程》（JGJ3—2010）规定，高层建筑宜调整平面形状和结构布置，避免结构不规则，不设防震缝。当建筑物平面复杂而又无法调整其平面形状或结构布置使之成为较规则的结构时，宜设置防震缝将其分为几个较简单的结构单元。

凡是设缝的位置应考虑相邻结构在地震作用下因结构变形、基础转动或平移引起的最大可能侧向位移。防震缝宽度要留够，要允许相邻房屋可能出现反向的振动，而不发生碰撞防震缝的设置，应符合下列规定：

（1）框架结构房屋，当高度不超过 15m 时，可采用 100mm；当超过 15m 时，6 度、7 度、8 度和 9 度时相应每增加高度 5m、4m、3m 和 2m，宜加宽 20mm。

（2）框架–抗震墙结构房屋的防震缝宽度可按上述第（1）项规定数值的 70% 采用，抗震墙房屋的防震缝宽度可按上述第（1）项规定数值的 50% 采用。但二者均不宜小于 100mm。

（3）防震缝两侧结构体系不同时，防震缝宽度按不利的体系考虑，并按较低高度计算缝宽。

（4）防震缝应沿房屋全高设置，地下室、基础可不设防震缝，但在设置的防震缝处应加强构造和连接。

总的来说，要优先采用平面布置简单、长度不大的塔式楼；当体型复杂时，要优先采取加强结构整体性的措施，尽量不设缝。规则与不规则的区分是一个很复杂的问题，主要依赖手工程师的经验。一个有良好素养的结构工程师，应当对所设计结构的抗震性能有正确的估计，要能够区分不规则、特别不规则和严重不规则的程度，避免采用抗震性能差的严重不规则的设计方案。我国《建筑抗震设计规范》（GB50011—2010）对平面不规则和竖向不规则的主要类型，给出了相应的定义和参考指标，如表 1–4 和 2.5 所示。存在表 1–3 或 2–4 中的某项不规则类型以及类似的不规则类型应属于不规则建筑，当存在多项不规则或某项不规则超过规定参考指标较多时，应属于特别不规则建筑。而特别不规则，指的是形体复杂，多项不规则指标超过上限值或某一项大大超过规定值，具有现有技术和经济条件不能克服的严重的抗震薄弱环节，可能导致地震破坏的严重后果者。

表 1-3　平面不规则的主要类型

不规则类型	定义和参考指标
扭转不规则	在规定的水平力作用下，楼层的最大弹性水平位移（或层间位移），大于该楼层两端弹性水平位移（或层间位移）平均值的 1.2 倍
凹凸不规则	水平凹进的尺寸，大于相应投影方向总尺寸的 30%
楼板局部不连续	楼板的尺寸和平面刚度急剧变化，例如，有效楼板宽度小于该层楼板典型宽度的 50%，或开洞面积大于该层楼面面积的 30%，或较大的楼层错层

表 1-4　竖向不规则的主要类型

不规则类型	定义和参考指标
侧向刚度不规则	该层的侧向刚度小于相邻上一层的 70%，或小于其上相邻三个楼层侧向刚度平均值的 80%；除顶层或出屋面小建筑外，局部收进的水平尺寸大于相邻下一层的 25%
竖向抗侧力构件不连续	竖向抗侧力构件（柱、抗震墙、抗震支撑）的内力由水平转换构件（梁、桁架等）向下传递
楼层承载力突变	抗侧力结构的层间受剪承载力小于相邻上一楼层的 80%

第四节　概率极限状态设计方法

一、结构的功能要求

1. 设计基准期

设计基准期是为确定可变作用及与时间有关的材料性能取值而选用的时间参数，它不等同于建筑结构的设计使用年限。《建筑结构可靠度设计统一标准》（GB50068-2001）所考虑的荷载统计参数，都是按设计基准期为 50 年确定的。如设计时需采用其他设计基准期，则必须另行确定在设计基准期内最大荷载的概率分布及相应的统计参数。

2. 设计使用年限

设计使用年限是指设计规定的结构或结构构件不需进行大修，即可按其预定目的使用的时期，即房屋建筑在正常设计、正常施工、正常使用和维护下所应达到的使用年限，如达不到这个年限则意味着在设计、施工、使用与维护的某一环节上出现了非正常情况。所谓"正常维护"包括必要的检测、防护及维修。设计使用年限是房屋建筑的地基基础工程和主体结构工程"合理使用年限"的具体化。根据《建筑结构可靠度设计统一标准》（GB50068—2001）的规定，结构的设计使用年限应按表 1-5 采用，若建设单位提出更高要求，也可按建设单位的要求确定。

表1-5　设计使用年限分类

类别	设计使用年限/年	实例
1	5	临时性结构
2	25	易于替换的结构构件
3	50	普通房屋和构筑物
4	100	纪念性建筑和特别重要的建筑结构

3. 结构的功能要求

结构在规定的设计使用年限内应满足下列功能要求:

1) 安全性

安全性是指在正常施工和正常使用时能承受可能出现的各种作用。在设计规定的偶然事件(如地震、爆炸)发生时及发生后,仍能保持必需的整体稳定性。所谓整体稳定性,系指在偶然事件发生时及发生后,建筑结构仅产生局部的损坏而不致发生连续倒塌。

2 适用性

适用性是指在正常使用时具有良好的工作性能。如:不产生影响使用的过大的变形或振幅,不发生足以让使用者产生不安的过宽的裂缝。

3) 耐久性

耐久性是指在正常维护下具有足够的耐久性能。所谓足够的耐久性能,系指结构在规定的工作环境中,在预定时期内,其材料性能的恶化不致导致结构出现不可接受的失效概率从工程概念上讲,足够的耐久性能就是指在正常维护条件下结构能够正常使用到规定的设计使用年限。

4. 结构的可靠度

结构的安全性、适用性、耐久性即为结构的可靠性。结构可靠度是对结构可靠性的概率描述,即结构的可靠度指的是,结构在规定的时间内,在规定的条件下,完成预定功能的概率。

结构可靠度与结构的使用年限长短有关,《建筑结构可靠度设计统一标准》(GB500682001)所指的结构可靠度或结构失效概率,是对结构的设计使用年限而言的,也就是说,规定的时间指的是设计使用年限;而规定的条件则是指正常设计、正常施工、正常使用,不考虑人为过失的影响。为保证建筑结构具有规定的可靠度,除应进行必要的设计计算外,还应对结构材料性能、施工质量、使用与维护进行相应的控制对控制的具体要求,应符合有关勘察、设计、施工及维护等标准的专门规定。

5. 安全等级及结构重要性系数

根据结构破坏可能产生的后果(危及人的生命、造成经济损失、产生社会影响等)的严重性,《建筑结构可靠度设计统一标准》(GB50068-2001)将建筑物划分为3个安全等级,见表1-6。建筑结构设计时,应采用不同的安全等级。

表 1-6 建筑结构的安全等级

安全等级	破坏后果	建筑物类型
一级	很严重	重要的房屋
二级	严重	一般的房屋
三级	三级	次要的房屋

大量的一般建筑物列入中间等级，重要的建筑物提高一级，次要的建筑物降低一级。设计部门可根据工程实际情况和设计传统习惯选用。大多数建筑物的安全等级均属二级。同一建筑物内的各种结构构件宜与整个结构采用相同的安全等级，但允许对部分结构构件根据其重要程度和综合经济效果进行适当调整。如提高某一结构构件的安全等级所需额外费用很少，又能减轻整个结构的破坏，从而大大减少人员伤亡和财物损失，则可将该结构构件的安全等级比整个结构的安全等级提高一级；相反，如某一结构构件的破坏并不影响整个结构或其他结构构件，则可将其安全等级降低一级。

结构重要性系数 γ_0 是建筑结构的安全等级不同而对目标可靠指标有不同要求，在极限状态设计表达式中的具体体现。对安全等级为一级的结构构件 γ_0 不应小于 1.1；对安全等级为二级的结构构件，γ_0 不应小于 1.0；对于安全等级为三级的结构构件，γ_0 不应小于 0.9；基础的 γ_0 不应小于 1.0。

6. 地基基础设计等级

根据地基复杂程度、建筑物规模和功能特征以及因地基问题可能造成建筑物破坏或影响正常使用的程度，地基基础的设计分为甲、乙、丙三个设计等级。对于甲级和乙级地基基础，应进行地基的承载力计算和变形计算；对于部分丙级地基基础可仅进行地基的承载力计算，不做变形计算。

二、结构功能的极限状态

整个结构或结构的一部分超过某一特定状态就不能满足设计规定的某一功能要求，这个特定状态称为该功能的极限状态。极限状态可分为下列两类：

1. 承载能力极限状态

这种极限状态对应于结构或结构构件达到最大承载能力或不适于继续承载的变形。当结构或结构构件出现下列状态之一时，应认为超过了承载能力极限状态：①整个结构或结构的一部分作为刚体失去平衡、倾覆等；②结构构件或连接因超过材料强度而破坏（包括疲劳破坏）或因过度变形而不适于继续承载；③结构转变为机动体系；④结构或结构构件丧失稳定、压屈等；地基丧失承载能力而破坏、失稳等。超过承载能力极限状态后，结构或构件就不能满足安全性要求。

2.正常使用极限状态

这种极限状态对应于结构或结构构件达到正常使用或耐久性能的某项规定限值。当结构或结构构件出现下列状态之一时，应认为超过了正常使用极限状态：①影响正常使用或外观的变形；②影响正常使用或耐久性能的局部损坏（包括裂缝）；③影响正常使用的振动；④影响正常使用的其他特定状态。结构或构件除了进行承载能力极限状态验算之外，还应进行正常使用极限状态验算。

三、极限状态方程

当荷载、地震、温度等因素作用于结构时，结构将产生内力、变形等。工程中，把这种结构对外部作用的响应称为作用效应，它代表由各种荷载或作用分别产生的效应的总和，可以用一个随机变量 S 表示。把结构所具有的承载力，称为结构的抗力，用 R 表示。只有结构构件的每一截面的作用效应小于或等于其抗力时，构件才认为是可靠的，否则认为是失效的。

第五节 建筑结构的作用

一、作用及作用效应

使结构产生内力或变形的原因称为"作用"，分为间接作用和直接作用两种。间接作用不仅与外界因素有关，还与结构本身的特性有关，如地震作用、温度变化、材料的收缩和徐变、地基不均匀沉降及焊接应力等。直接作用一般直接以力的形式作用于结构，如结构构件的自重、楼面上的人群和各种物品的重量、设备重量、风压及雪压等，习惯上称为荷载，我国现行《建筑结构荷载规范》（GB50009—2012）规定，结构上的荷载可根据其时间上和空间上的变异性分为3类：永久荷载、可变荷载和偶然荷载。

永久荷载，也称恒载：在结构设计使用期间，其值不随时间而变化，或其变化与平均值相比可以忽略不计，或其变化是单调的并能趋于限值的荷载。如结构自重、外加永久性的承重、非承重结构构件和建筑装饰构件的重量、土压力、预应力等。因为恒载在整个使用期内总是持续地施加在结构上，所以设计结构时，必须考虑它的长期效应。结构自重，一般根据结构的几何尺寸和材料容重的标准值（也称名义值）确定。

可变荷载，也称活荷载：在结构设计基准期内，其值随时间变化，且变化值和平均值相比不可忽略的荷载。如：工业建筑楼面活荷载、民用建筑楼面活荷载、屋面活荷载、屋面积灰荷载、车辆荷载、吊车荷载、风荷载、雪荷载、裹冰荷载、波浪荷载等。

偶然荷载：在结构设计基准期内不一定出现，一旦出现，其量值很大且作用时间很短。如罕遇的地震作用、爆炸、撞击等。

一般民用建筑结构最常见的作用包括：构件和设备产生的重力荷载、楼面可变荷载（屋面还包括积灰荷载和雪荷载）、风荷载和地震作用。其中：重力荷载和楼面使用荷载都是竖向荷载，前者属于永久荷载，后者属于可变荷载；风荷载和地震作用一般仅考虑水平方向，前者属于可变荷载，后者属于间接作用。在设有吊车的厂房中，还有吊车荷载。吊车荷载属于可变荷载，包括吊车竖向荷载和吊车水平荷载。在地下建筑中，还涉及土压力和水压力；在储水、料仓等构筑物中则分别有水的侧压力和物料侧压力。土压力、物料侧压力按永久荷载考虑；水位不变的水压力按永久荷载考虑；水位变化的水压力按可变荷载考虑。温度变化也会在结构中产生内力和变形。一般建筑物受温度变化的影响主要有 3 种：室内外温差、日照温差和季节温差。目前，建筑物在温度作用下的结构分析方法，还不完善，对于单层和多层建筑，一般采用构造措施，如屋面隔热层、设置伸缩缝、增加构造钢筋等，而在结构计算中不考虑温度的作用。但是，对于 30 层以上或高度超过 100m 以上的建筑，其竖向温度效应不可忽略。

结构上的作用，若在时间上或空间上可作为相互独立时，则每一种作用均可按对结构单独作用考虑；当某些作用密切相关，且经常以最大值出现时，可以将这些作用按一种作用考虑。直接作用或间接作用在结构内产生的内力（如轴力、弯矩、剪力和扭矩）和变形（如挠度、转角和裂缝等）称为作用效应；仅由荷载产生的效应称为荷载效应。荷载与荷载效应之间通常按某种关系相互联系。

二、荷载代表值

不同荷载都具有不同性质的变异性。在设计中，不可能直接引用反映荷载变异性的各种统计参数，通过复杂的概率运算进行具体设计。因此，在设计时，除了采用能便于设计者使用的设计表达式外，对荷载还应赋予一个规定的量值，称为荷载代表值。在极限状态设计表达式中，荷载是以代表值的形式出现的，荷载可根据不同的设计要求，规定不同的代表值，以使之能更确切地反映它在设计中的特点。《建筑结构荷载规范》（GB50009—2012）给出了荷载的 4 种代表值，即标准值、组合值、频遇值和准永久值，其中标准值是荷载的基本代表值，其他代表值是标准值乘以相应的系数后得出的。结构设计时，应根据各种极限状态的设计要求采用不同的荷载代表值。对永久荷载应采用标准值作为代表值。对可变荷载应采用标准值组合值、频遇值或准永久值作为代表值。对偶然荷载应按建筑结构使用特点确定其代表值。

1. 荷载标准值

荷载标准值是荷载的基本代表值，是指在结构使用期间可能出现的最大荷载值。由于荷载本身的随机性，使用期间的最大荷载实际上是一个随机变量。《建筑结构可靠度设计统一标准》（GB50068-2001）以设计基准期最大荷载概率分布的某个分位置作为该荷载的标准值。

目前，并非对所有荷载都能取得充分的资料，为此，不得不从实际出发，根据已有的工程实践经验，通过分析判断后，协议一个公称值（nominal value）作为代表值。《建筑结构荷载规范》（GB50009—2012）规定，对于结构自身重力可以根据结构的设计尺寸和材料的重力密度确定。可变荷载通常与时间有关，是一个随机过程，如果缺乏大量的统计资料，也可以近似地按随机变量来考虑。按照 ISO 国际标准的建议，可变荷载标准值应由设计基准期内最大荷载统计分布，取其平均值减 1.645 倍标准差确定。考虑到我国的具体情况和规范的衔接，《建筑结构荷载规范》（GB50009—2012）采用的基本上是经验值。其他的荷载代表值都可在标准值的基础上乘以相应的系数后得出。对某类荷载，当有足够资料而有可能对其统一分布做出合理估计时，则在其设计基准期最大荷载的分布上，可根据协议的百分位，取其分位值作为该荷载的代表值，原则上可取分布的特征值（例如，均值、众值或中值），国际上习惯称之为荷载的特征值（characteristic value）。实际上，对于大部分自然荷载，包括风、雪荷载，习惯上都以其规定的平均重现期来定义标准值，也就是相当于以其重现期内最大荷载的分布的众值为标准值。需要说明的是，我国《建筑结构荷载规范》（GB50009—2012）提供的荷载标准值属于强制性条款，在设计中，必须作为荷载最小值采用；若不属于强制性条款，则应当由业主认可后采用，并在设计文件中注明。

2. 可变荷载组合值

当有两种或两种以上的可变荷载在结构上要求同时考虑时，由于所有可变荷载同时达到其单独出现时可能达到的最大值的概率极小，因此，除主导荷载（产生最大效应的荷载）仍可以其标准值为代表值之外，其他伴随荷载均应采用小于其标准值的组合值为荷载代表值，使组合后的荷载效应在设计基准期内的超越概率与该荷载单独出现时的概率趋于一致。原则上，组合值可按相应时段最大荷载分布中的协议分位值来确定。但是考虑到目前实际荷载取样的局限性，《建筑结构荷载规范》（GB50009—2012）并未明确荷载组合值的确定方法，主要还是在工程设计的经验范围内，偏保守地加以确定。

可变荷载组合值 = 荷载组合值系数 × 可变荷载标准值

3. 可变荷载频遇值和准永久值

可变荷载的标准值反映了最大荷载在设计基准期内的超越概率，但没有反映出超越的持续时间长短。当结构按正常使用极限状态的要求进行设计时，需要从不同要求出发，选择频遇值或准永久值作为可变荷载代表值。

在可变荷载的随机过程中，荷载超过某水平荷载 x 有两种形式：其一是在设计基准期 T 内，荷载超过 x 的次数 n_x 或平均跨国率 V_x（单位时间内超过 x 的平均次数）；其二是超过 x 的总持续时间，或与设计基准期 T 的比率 ux=Tx/To。当考虑结构的局部损坏或疲劳破坏时，设计中应根据荷载可能出现的次数，也就是通过 ux 来确定其频遇值；当考虑结构在使用中引起不舒适感时，就应根据较短的持续时间，也就是通过 ux 来确定其频遇值，一般取 ux=0.1。频遇值相当于在结构上时而出现的较大荷载值。

可变荷载频遇值是正常使用极限状态按频遇组合设计，所采用的一种可变荷载代表值。在设计基准期内，荷载达到和超过该值的总持续时间仅为设计基准期的一小部分。

可变荷载频遇值 = 荷载频遇值系数 × 可变荷载标准值

准永久值在设计基准期内具有较长的总持续时间 Tx，对结构的影响犹如永久荷载，一般取 ux=0.5。如果可变荷载被认为是各态历经的平稳随机过程，则准永久值相当于荷载分布中的中值；对于有可能划分为持久性荷载和临时性荷载的可变荷载，可以直接引用荷载的持久性部分，作为准永久荷载，并取其适当的分值为准永久值。可变荷载准永久值是正常使用极限状态按准永久组合所采用的可变荷载代表值。在结构设计时，准永久值主要考虑荷载长期效应的影响。在设计基准期内，达到和超过该荷载值的总持续时间约为设计基准期的一半。

可变荷载准永久值 = 荷载准永久值系数 × 可变荷载标准值

三、荷载分项系数与荷载设计值

为使在不同设计情况下的结构可靠度能够趋于一致，荷载分项系数应根据荷载不同的变异系数和荷载的具体组合情况，以及与抗力有关的分项系数的取值水平等因素确定。但为了设计方便，《建筑结构可靠度设计统一标准》（GB50068-2001）将荷载分成永久荷载和可变荷载两类，相应给出永久荷载分项系数和可变荷载分项系数。这两个分项系数是在荷载标准值已给定的前提下，使按极限状态设计表达式所得的各类结构构件的可靠指标，与规定的目标可靠指标之间，在总体上误差最小为原则，经优化后选定的。

《建筑结构荷载规范》（GB50009—2012）对荷载设计值的定义为：

荷载设计值 = 荷载分项系数 × 荷载代表值

第二章　结构设计方法与设计原则

第一节　建筑结构荷载与荷载效应

一、结构上的作用

结构上的作用，是指能使结构或构件产生效应（如内力、应力、位移、应变、裂缝等）的各种原因。这些作用在结构中产生不同的效应（内力和变形）。作用可分为直接作用和间接作用两类：

1. 直接作用

直接作用是指直接以力的不同集结形式（集中力或均匀分布力）施加在结构上的作用，即通常所说的结构荷载。例如，结构的自重、楼面和屋面上的人群及物品重量、土压力、风压力、雪压力、积灰、积水等。

2. 间接作用

间接作用是指能够引起结构外加变形、约束变形或振动的各种原因。间接作用并不是直接以力的形式施加在结构上。例如，地基的不均匀沉降、地震作用、混凝土的收缩和徐变变形、温度变化等。

二、荷载的分类

结构上的荷载按其随时间的变异性的不同，分为以下三类：

1. 永久荷载

永久荷载是指在结构设计使用期间，其量值不随时间变化，或其变化值与平均值相比可以忽略不计的荷载。如结构的自重、土压力等，永久荷载又称为恒荷载。

2. 可变荷载

可变荷载是指在结构设计使用期间，其量值随时间变化，或其变化值与平均值相比不可以忽略不计的荷载。如楼面活荷载、屋面活荷载、积灰荷载、吊车荷载、风荷载、雪荷载等，可变荷载又称为活荷载。

3. 偶然荷载

偶然荷载是指在结构设计使用期间不一定出现，一旦出现，持续时间短，但量值很大的荷载。如地震、爆炸力、撞击力等。

三、荷载的代表值

由于各种荷载都具有一定的变异性，在进行结构或构件设计时，应针对不同的极限状态设计要求取用不同的荷载量值，该量值即为荷载代表值。永久荷载采用标准值为代表值，可变荷载的代表值有标准值、组合值、频遇值和准永久值。其中荷载标准值为基本代表值。

1. 荷载标准值

荷载标准值是指在结构设计使用基准期内可能出现的最大荷载值，是结构设计时采用的荷载基本代表值。

永久荷载标准值 Gk：对结构自重，可按结构构件的设计尺寸（如梁、柱的断面）和材料单位体积的自重计算确定。表 2-1 中列出了部分常用材料和构件的自重，设计时可查用。例如，某矩形截面钢筋混凝土梁，计算跨度为 $i_0 = 4.5m$，截面尺寸 $b \times h = 300\,mm \times 500\,mm$，钢筋混凝土的自重查表为 $25kN/m^3$，则该梁沿跨度方向均匀分布的自重标准值为 $gk = 0.3 \times 0.5 \times 25 = 3.75（kN/m）$。

表 2-1　部分常用材料和构件自重

序号	名称	自重	备注
1	锁混凝土（kN·m⁻³）	22~24	振捣或不振捣
2	钢筋混凝土（kN·m⁻³）	24~25	
3	水泥砂浆（kN·m⁻³）	20	
4	石灰砂浆、混合砂浆（kN·m⁻³）	17	
5	浆砌普通砖（kN·m⁻³）	18	
6	浆砌机砖（kN·m⁻³）	19	
7	水磨石地面（kN·m⁻²）	0.65	10mm 面层，20mm 水泥砂浆打底
8	贴瓷砖墙面（kN·m⁻²）	0.5	包括水泥砂浆打底，共厚 25mm
9	木框玻璃窗（kN·m⁻²）	0.2~0.3	

可变荷载标准值 Qk：《建筑结构荷载规范》（GB50009—2012），中规定了可变荷载标准值的取值或计算方法。表 2-2 列出部分民用建筑楼面均布活荷载标准值，设计时可查用。

表 2-2　部分民用建筑楼面均布活荷载标准值

项次	类别		标准值／($kN\cdot m^{-2}$)	组合值系数 ψc	频遇值系数 ψf	准永久值系数 ψq
1	住宅、宿舍、旅馆、办公室、医院病房、托儿所、幼儿园		2.0	0.7	0.5 0.6	0.4 0.5
2	教室、食堂、餐厅、一般资料档案室		2.5	0.7	0.6	0.5
3	（1）礼堂、剧场、影院、有固定座位的看台 （2）公共洗衣房		3.0	0.7	0.5 0.6	0.3 0.5
4	（1）商店、展览厅、车站、港口、机场大厅及其旅客等候室 （2）无固定座位的看台		3.5	0.7	0.6 0.5	0.5 0.3
5	（1）健身房、演出舞台 （2）运动场、舞厅		4.0	0.7	0.6	0.5 0.3
6	（1）书库、档案室、贮藏室 （2）密集柜书库		5.0 12.0	0.9	0.9	0.8
7	厨房	（1）餐厅 （2）其他	4.0 2.0	0.7	0.7 0.6	0.7 0.5
8	浴室、卫生间、盥洗室		2.5	0.7	0.6	0.5
9	走廊、门厅	（1）宿舍、旅馆、医院病房、托儿所、幼儿园、住宅 （2）办公楼、餐厅、医院门诊部	2.0 2.5	0.7	0.5 0.6	0.4 0.5

2. 可变荷载组合值 $\psi_c Q_k$

可变荷载组合值是指当结构上同时作用两种或两种以上可变荷载时，可变荷载同时达到其标准值的可能性较小，除产生最大效应的主导荷载外，其他可变荷载标准值均乘以小于或等于 1 的组合值系数作为代表值，称为可变荷载组合值。若可变荷载标准值为 Q_k，可变荷载组合值系数为 ψ_c，那么可变荷载组合值可表示为 $\psi_c Q_k$。部分可变荷载组合值系数 ψ_c 在表 2-2 中列出，可查用。

3. 可变荷载频遇值 $\psi_f Q_k$

可变荷载频遇值是指在设计基准期内在结构上偶尔出现的较大荷载，它具有持续时间较短或发生次数较少的特点，对结构的破坏性有所减缓。可变荷载频遇值由荷载标准值乘以频遇值系数 ψ_f 得到，可表示为 $\psi_f Q_k$。部分可变荷载频遇值系数 ψ_f 在表 2-2 中列出，可查用。

4. 可变荷载准永久值 $\psi_q Q_k$

可变荷载准永久值是指在结构上经常作用的可变荷载，它具有总持续时间较长的特点，对结构的影响类似于永久荷载。可变荷载准永久值由荷载标准值乘以准永久值系数 ψ_q 得到，可表示为 $\psi_q Q_k$。部分可变荷载准永久值系数 ψ_q 在表 2-2 中列出，可查用。

四、荷载效应

各种作用在结构上的内力（如弯矩、剪力、扭矩、轴力等）和变形（如挠度、侧移、裂缝等）称为荷载效应，用"S"表示。当作用为荷载时，引起的效应称为荷载效应。

一般情况下，荷载效应 S 与荷载 Q 之间，可近似按线性关系考虑，即：

$$S=CQ$$

式中 C——荷载效应系数，通常由力学分析确定；

Q——某荷载代表值；

S——与荷载 Q 相应的荷载效应。

例如，某简支梁上作用均布荷载 q，其计算跨度为 1，可知其跨中弯矩为 $M = \frac{1}{8}ql^2$，支座处剪力为 $V = \frac{1}{2}ql$。那么，q 相当于荷载 Q，弯矩 M 和剪力 V 均相当于荷载效应 S，$\frac{1}{8}ql^2$ 和 $\frac{1}{2}ql$ 均相当于荷载效应系数 C。

第二节　建筑结构的设计方法

一、结构的安全等级

建筑物的重要程度是根据其用途决定的，不同用途的建筑物，发生破坏后，所引起的生命、财产损失是不一样的。《建筑结构可靠度设计统一标准》（GB50068—2001）规定，建筑结构设计时，应根据结构破坏可能产生的严重后果（危及人的生命、造成经济损失、产生社会影响）的严重性，采用不同的安全等级。根据破坏后果的严重程度，将建筑物划分为三个安全等级，见表 2-3。

表 2-3　建筑结构的安全等级

安全等级	破坏后果	建筑物的类型
一级	很严重	重要的房屋
二级	严重	一般的房屋
三级	不严重	次要的房屋

对于人员比较集中的影剧院、体育馆和高层建筑等重要的工业与民用建筑的安全等级为一级，大量的一般工业与民用建筑安全等级为二级，次要建筑的安全等级为三级。纪念性建筑及有特殊要求的建筑物，其设计安全等级可视具体情况确定。

二、结构的功能要求

结构设计的目的是要使结构在规定的设计使用年限内完成预期的各种功能要求。建筑结构的功能要求应满足安全性、适用性及耐久性。

1. 安全性

结构在正常施工和正常使用期间能承受可能出现的各种作用而不发生破坏；结构在偶然事件（如地震、强风）发生时及发生后，仍能保持整体的稳定性，仅产生局部损坏而不致发生倒塌。

2. 适用性

结构在正常使用过程中应保持良好的使用性能。例如，不发生影响使用的过大变形、振幅和过宽的裂缝等。

3. 耐久性

结构在正常使用和正常维护条件下应具有足够的耐久性能，能正常使用到预定的设计使用期限。例如，混凝土不严重风化和腐蚀、钢筋不严重锈蚀等。

结构的功能要求概括起来称为结构的可靠性，即在规定的时间内（设计使用年限），在规定的条件下（正常设计、正常施工、正常使用和维修），完成预定功能（安全性、适用性、耐久性）的能力称为结构的可靠性。结构在设计使用年限内，在正常设计、施工、使用和维护的条件下完成预定功能的概率称为结构的可靠度。

建筑结构的设计使用年限，是指按规定指标设计的建筑物或构件，在正常施工、正常使用和维护下，不需进行大修即可达到其预定功能要求的使用年限。《建筑结构可靠度设计统一标准》（GB50068—2001）将建筑结构的设计使用年限分为四个类别，见表2-4。一般建筑结构的设计使用年限为50年。

表2-4　结构设计使用年限分类

类别	设计使用年限 / 年	实例
1	5	临时性结构
2	25	易于替换的结构构件
3	50	普通房屋和构筑物
4	100	纪念性建筑和特别重要的建筑结构

三、结构功能的极限状态

结构能够满足设计规定的某一功能要求而且能够良好地工作，称为结构可靠；反之，则称为结构失效。区分结构工作状态是可靠还是失效的分界标志就是"极限状态"。

结构的极限状态分为承载能力极限状态和正常使用极限状态两类。

1. 承载能力极限状态

承载能力极限状态是指结构或结构构件达到最大承载能力、出现疲劳破坏或发生不适于继续承载的变形时的状态。当结构或构件出现下列状态之一时，即认为超过了承载能力极限状态：

（1）整个结构或结构的一部分作为刚体失去平衡、发生滑移或漂浮等情况。

（2）结构构件或构件间的连接因材料超过其强度而破坏（含疲劳破坏）。

（3）结构由几何不变体系转变为机动体系而丧失承载能力。

（4）结构或构件因过度的变形而不适于继续承载。

（5）结构或结构构件丧失稳定。

（6）结构因局部破坏而发生连续倒塌。

（7）地基丧失承载力而破坏。

2. 正常使用极限状态

正常使用极限状态是指结构或结构构件达到正常使用或耐久性能的某项规定限值时的状态。当结构或构件出现下列状态之一时，即认为超过了正常使用极限状态：

（1）影响正常使用或外观的变形。

（2）影响正常使用或耐久性能的局部破坏。

（3）影响正常使用的振动。

（4）影响正常使用的其他特定状态。

3. 结构的功能函数

结构和结构构件的工作状态可以用作用效应 S_d 和结构抗力 R_d 的关系式来描述：

$$Z=g（R_d，S_d）=R_d-S_d$$

式中，Z 是结构极限状态功能函数，R 和 S 都是随机变量，那么 $Z = g（R_d，S_d）= R_d - S_d$ 就是一个随机变量函数，按 Z 值的大小，可以区分结构所处的三种不同工作状态：

（1）当 $Z > 0$，即 $R_d > S_d$ 时，结构能够完成预定功能，结构处于可靠状态。

（2）当 $Z < 0$，即 $R_d < S_d$ 时，结构不能完成预定功能，结构处于失效状态。

（3）当 $Z = 0$，即 $R_d = S_d$ 时，结构处于极限状态，称为极限状态方程。

为使结构不超过极限状态，要满足功能要求，保证结构可靠工作的基本条件为：

$$Z \geq 0$$

或

$$R_d \geq S_d$$

四、极限状态实用设计表达式

对于承载能力极限状态和正常使用极限状态，在确定其荷载效应时，应考虑所有可能出现的荷载，分别进行荷载效应组合，在所有组合中取最不利的效应组合进行设计。

（1）设计表达式。结构构件在进行承载能力极限状态设计时，按下列实用设计表达式进行设计：

$$\gamma 0 S_d \leqslant R_d$$

式中　$\gamma 0$——结构件的重要性系数；

S_d——荷载组合的效应设计值；

R_d——结构构件抗力的设计值。

（2）结构构件的重要性系数 $\gamma 0$。实用设计表达式中引入结构构件的重要性系数 $\gamma 0$，是考虑到结构安全等级的差异，根据结构破坏可能产生的严重后果，采用不同的安全等级量进行设计。

对安全等级为一级或设计使用年限为 100 年及以上的结构构件，$\gamma 0$ 不应小于 1.1；对安全等级为二级或设计使用年限为 50 年的结构构件，$\gamma 0$ 不应小于 1.0；对安全等级为三级或设计使用年限为 5 年的结构构件，$\gamma 0$ 不应小于 0.9。在抗震设计中不考虑结构构件的重要性系数，应按作用的地震组合计算。

（3）荷载效应组合设计值 S_d。当结构上同时作用有多种可变荷载时，要考虑荷载效应的组合问题。荷载效应组合是指在所有可能同时出现的各种荷载组合下，确定结构或构件内产生的总效应。荷载效应组合分为基本组合与偶然组合两种情况。

按承载能力极限状态设计时，应考虑荷载效应的基本组合，必要时应按荷载效应的偶然组合进行计算。

《建筑结构荷载规范》（GB50009—2012）规定：对于基本组合，荷载效应组合设计值 Sd 应从下列两组组合中取最不利值确定：

（1）由可变荷载效应控制的组合：

$$S_d = \sum_{j=1}^{m} \gamma_{G_j} S_{G_j k} + \gamma_{Q_1} \gamma_{L_1} S_{Q_1 k} + \sum_{i=2}^{n} \gamma_{Q_i} \gamma_{L_i} \psi_{c_i} S_{Q_i k}$$

（2）由永久荷载效应控制的组合：

$$S_d = \sum_{j=1}^{m} \gamma_{G_j} S_{G_j k} + \sum_{i=1}^{n} \gamma_{Q_i} \gamma_{L_i} \psi_{c_i} S_{Q_i k}$$

式中 γ_{G_j}——第 j 个永久荷载的分项系数，见表 2-5；

γ_{Q_i}——第 i 个可变荷载分项系数，见表 2-5；

γ_{L_i}——第 i 个可变荷载考虑设计使用年限的调整系数，其中 γ_{L_1} 为主导可变荷载 Q1 考虑设计使用年限的调整系数，当结构设计使用年限为 5 年时，$\gamma = 0.9$；当结构设计使用年限为 50 年时，$\gamma = 1.0$；当结构设计使用年限为 100 年时，$\gamma = 1.1$；

$S_{G_j k}$——按第 j 个永久荷载标准值 Gjk 计算的荷载效应值；

$S_{Q_i k}$——按第 i 个可变荷载标准值 Qik 计算的荷载效应值，其中 $S_{Q_1 k}$ 为可变荷载效应中起控制作用者；

ψ_{c_i}——第 i 个可变荷载 Q_i 的组合值系数；

m——参与组合的永久荷载数；

n——参与组合的可变荷载数。

表 2-5　荷载分项系数

荷载类别	荷载特征	荷载分项系数 γ_{G_j} 或 γ_{Q_i}
永久荷载	当其效应对结构不利时 对由可变荷载效应控制的组合 对由永久荷载效应控制的组合	1.2 1.35
	当其效应对结构有利时	不应大于 1.0
可变荷载	一般情况	1.4
	对标准值＞4kN/m² 的工业房屋楼面活荷载	1.3

五、正常使用极限状态实用设计表达式

正常使用极限状态设计，主要是验算结构构件的变形、抗裂度或裂缝宽度等，以便满足结构适用性和耐久性的要求。当结构或结构构件达到或超过正常使用极限时，结构不能正常使用，但其危害程度不及承载能力引起的破坏造成的危害大，所以对其可靠度的要求可适当降低。在进行正常使用极限状态计算时，荷载和材料强度均取标准值，不必考虑荷载及材料的分项系数，也不必考虑结构的重要性系数。

结构构件在进行正常使用极限状态设计时，按下列实用设计表达式进行设计：

$$S_d \leq C$$

式中 S_d——变形、裂缝等荷载效应的设计值；

C——设计对变形、裂缝等规定的相应限值。

荷载效应组合设计值 S_d，对正常使用状态的荷载效应组合时，应根据不同设计目的，分别按荷载效应的标准组合、频遇组合和准永久组合进行设计。

（1）荷载的标准组合：

$$S_d = \sum_{j=1}^{m} S_{G_jk} + S_{Q_1k} + \sum_{i=2}^{n} \psi_{c_i} S_{Q_ik}$$

（2）荷载的频遇组合：

$$S_d = \sum_{j=1}^{m} S_{G_jk} + \psi_{f_1} S_{Q_1k} + \sum_{i=2}^{n} \psi_{q_i} S_{Q_ik}$$

（3）荷载的准永久组合：

$$S_d = \sum_{j=1}^{m} S_{G_jk} + \sum_{i=2}^{n} \psi_{q_i} S_{Q_ik}$$

式中 $\psi_{f_1} S_{Q_1 k}$——在频遇组合中起控制作用的一个可变荷载的频遇值效应；

$\psi_{q_i} S_{Q_i k}$——第 i 个可变荷载的准永久值效应。

第三节 极限状态设计法

一、极限状态方程

结构的工作性能可用下列结构功能函数 Z 来描述。为简化起见，仅以荷载效应 S 和结构抗力 R 两个基本变量来表达结构的功能函数，则有：

$$Z=R-S$$

式中，荷载效应 S 和结构抗力 R 均为随机变量，其函数 Z 也是一个随机变量，关系式 Z = R-S 称为极限状态方程。在实际工程中，可能出现以下三种情况：

（1）当 Z > 0，即 R > S 时，表示结构处于安全状态；

（2）当 Z < 0，即 R < S 时，表示结构处于失效状态；

（3）当 Z=0，即 R=S 时，表示结构处于极限状态。

二、承载能力极限状态设计表达式

1. 承载能力极限状态设计

在极限状态设计方法中，结构构件的承载力计算应采用下列表达式：

$$\gamma_0 S_d \leqslant R_d$$

式中 γ_0——结构重要性系数，见表 2-6；

S_d——承载能力极限状态的荷载效应组合设计值；

R_d——结构构件的抗力设计值，在抗震设计时，应除以承载力抗震调整系数 γRE。

表 2-6 构件设计使用年限及重要性系数 γ_0

设计使用年限或安全等级	示例	γ_0
安全等级为三级	临时性结构	≥ 0.9
安全等级为二级	普通房屋和构筑物	≥ 1.0
安全等级为一级	纪念性建筑和特别重要的建筑结构	≥ 1.1
注：对地震设计状况下应取 1.0		

2. 基本组合荷载效应组合设计值

（1）由可变荷载效应控制的组合：

$$S_d = \sum_{j=1}^{m} \gamma_{G_j} S_{G_j k} + \gamma_{Q_1} \gamma_{L_1} S_{Q_1 k} + \sum_{i=2}^{n} \gamma_{Q_i} \gamma_{L_i} \psi_{c_i} S_{Q_i k}$$

式中 γ_{G_j}——第 j 个永久载的分项系数，应按表 2-7 采用；

γ_{Q_i}——第 i 个可变荷载的分项系数，其中 γ_{Q_1} 为主导可变荷载 Q_1 的分项系数，应按表 2-7 采用；

γ_{L_i}——第 i 个可变荷载考虑设计使用年限的调整系数，其中 γ_{L_1} 为主导可变荷载 Q_1 考虑设计使用年限的调整系数；

S_{G_jk}——按第 j 个永久荷载标准值 G_{jk} 计算的荷载效应值；

S_{Q_ik}——按第 i 个可变荷载标准值 Q_{ik} 计算的荷载效应值，其中 p S_{Q_1k} 为可变荷载效应中起控制作用者；

ψ_{c_i}——第 i 个可变荷载 Q_i 的组合值系数；

m——参与组合的永久荷载数；

n——参与组合的可变荷载数。

表 2-7　基本组合的荷载分项系数

项目	内容
永久荷载的分项系数	（1）对其效应对结构不利时：对由可变荷载效应控制的组合，取 1.2；对由永久荷载效应控制的组合，取 1.35。 （2）当其效应对结构有利时：一般情况下，不应大于 1.0；对结构的倾覆、滑移或漂浮验算，取 0.9。
可变荷载的分项系数	（1）一般情况下取 1.4； （2）对标准值大于 4kN/m2 的工业房屋楼面结构的活荷载取 1.3。
注：对于某些特殊情况，可按建筑结构有关设计规范的规定确定。	

（2）由永久荷载效应控制的组合：

$$S_d = \sum_{j=1}^{m} \gamma_{G_j} S_{G_jk} + \sum_{i=2}^{n} \gamma_{Q_i} \gamma_{L_i} \psi_{c_i} S_{Q_ik}$$

基本组合中的设计值仅适用于荷载与荷载效应为线性的情况。

当对 S_{G_jk} 无法明显进行判断时，应轮次以各可变荷载效应作为 S_{Q_ik}，选其中最不利的荷载效应组合。

三、正常使用极限状态计算设计表达式

在正常使用极限状态计算中，应根据不同的设计要求，采用荷载的标准组合、频遇组合或准永久组合，按下列设计表达式进行设计：

$$S_d \leqslant C$$

式中 S_d——正常使用极限状态的荷载效应组合的设计值；

C——结构或构件达到正常使用要求的规定限值，应按有关建筑结构设计规范的规定采用。

正常使用情况下荷载效应和结构抗力的变异性，已在确定荷载标准值和结构抗力标准

值时做出了一定程度的处理，并具有一定的安全储备。考虑到正常使用极限状态设计属于校核验算性质，所要求的安全储备可以略低一些，所以采用荷载效应及结构抗力标准值进行计算。

（1）对于标准组合，荷载效应组合的设计值 S_d，按下式计算（仅适用于荷载与荷载效应为线性的情况）：

$$S_d = \sum_{j=1}^{m} S_{G_j k} + S_{Q_1 k} + \sum_{i=2}^{n} \psi_{c_i} S_{Q_i k}$$

注：组合中的设计值仅适用于荷载与荷载效应为线性的情况。

标准组合是在设计基准期内根据正常使用条件可能出现最大可变荷载时的荷载标准值进行组合而确定的，在一般情况下均采用这种组合值进行正常使用极限状态的验算。

（2）对于频遇组合，荷载效应组合的设计值，可按下式计算：

$$S_d = \sum_{j=1}^{m} S_{G_j k} + \psi_{f_1} S_{Q_1 k} + \sum_{i=2}^{n} \psi_{q_i} S_{Q_i k}$$

注：组合中的设计值仅适用于荷载与荷载效应为线性的情况。

频遇组合是采用考虑时间影响的频遇值为主导进行组合而确定的。当结构或构件允许考虑荷载的总持续时间较短或可能出现次数较少时，则应按其相应的最大可变荷载的组合（即频遇组合），进行正常使用极限状态的验算。例如，构件考虑疲劳的破坏，则应按所需承受的疲劳次数相应频遇组合值进行疲劳强度的验算，但如采用较大的荷载标准组合值进行验算时，则构件将会超过所需承受的疲劳次数，也即其实际设计使用年限超过了设计基准期，但该构件最终是要随着设计使用年限仅为设计基准期的结构的其他构件而报废，可见按频遇组合值验算是较为经济合理的。

（3）对于准永久组合，荷载效应组合值，可按下式计算：

$$S_d = \sum_{j=1}^{m} S_{G_j k} + \sum_{i=2}^{n} \psi_{q_i} S_{Q_i k}$$

注：组合中的设计值仅适用于荷载与荷载效应为线性的情况。

准永久组合是采用设计基准期内持久作用的准永久值进行组合而确定的。它是考虑可变荷载的长期作用起主要影响并具有自己独立性的一种组合形式。但在《设计规范》中，由于对结构抗力（裂缝、变形）的试验研究结果多数是在荷载短期作用情况下取得的，因此，对荷载准永久组合值的应用，仅作为考虑荷载长期作用对结构抗力（刚度）降低的影响因素之一。

第三章 预应力混凝土构件

第一节 预应力混凝土概述

一、预应力混凝土构件

混凝土作为一种建筑材料，主要缺点之一就是抗拉的能力很低，在工作阶段就有裂缝存在。提高混凝土强度等级和采用高强度钢筋，都不能从根本上解决钢筋混凝土结构裂缝的开展和延伸问题，只能靠加大截面尺寸的方法来保证构件的抗裂能力和刚度，因而普通钢筋混凝土构件存在下列缺点：

（1）在正常使用条件下，因为构件裂缝的存在，导致钢筋在某些环境中容易腐蚀，降低了结构耐久性。

（2）通过增加截面尺寸来控制构件的裂缝和变形，既浪费了材料，又增加了结构自重。

（3）为了限制裂缝宽度，需控制裂缝处钢筋的拉应力，但是，当钢筋应力达到20~40MPa 时，混凝土已经开裂，导致钢筋强度得不到充分发挥，所以，一般都采用低强度钢筋。

正是由于这些缺点，限制了钢筋混凝土结构的应用范围。解决混凝土抗拉能力低所带来的这一系列问题，目前最有效的方法是采用预应力混凝土：在结构构件受外荷载作用之前，通过张拉钢筋，利用钢筋的回弹，人为地对受拉区的混凝土施加压力，由此产生的预压应力用以减少或抵消由外荷载作用下所产生的混凝土拉应力，使结构构件的拉应力减小，甚至处于受压状态，从而延缓混凝土开裂或使构件不开裂。现以简支梁为例，进一步说明预应力混凝土结构的基本原理。

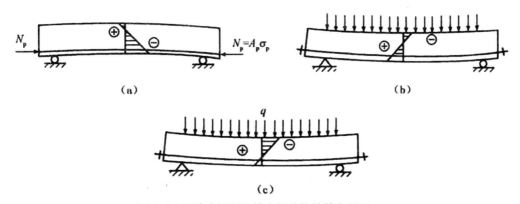

图 3-1　预应力混凝土简支梁结构的基本原理
（a）预应力作用；（b）使用荷载作用；（c）预应力和荷载共同作用

二、预应力混凝土的种类

（1）按制作方法划分，预应力混凝土可分为先张法和后张法。先张法为制作预应力混凝土构件时，先张拉预应力钢筋后浇筑混凝土。后张法为先浇筑混凝土，待混凝土达到规定强度后再张拉预应力钢筋。

（2）按构件中预加应力的大小程度，预应力混凝土可分为全预应力法和部分预应力法。全预应力法为在预应力及使用荷载作用下，构件截面混凝土不出现拉应力，即为全截面受压；部分预应力法为构件截面混凝土允许出现拉应力或开裂，即只有部分截面受压。预应力混凝土可分为 A 类和 B 类。A 类为在使用荷载作用下，构件预压区混凝土正截面的拉应力不超过规定的限值。B 类为在使用荷载作用下，构件预压区混凝土正截面的拉应力允许超过规定的限值，但当裂缝出现时，其宽度不超过容许值。

（3）按施工方式的不同，预应力混凝土可分为有粘结预应力和无粘结预应力。有粘结预应力混凝土为沿预应力筋全长其周围均与混凝土粘结、握裹在一起的预应力混凝土结构。先张预应力结构及预留孔道穿筋压浆的后张预应力结构均属有粘结预应力构造。无粘结预应力混凝土为预应力筋伸缩、滑动自由，不与周围混凝土粘结的预应力混凝土结构。无粘结预应力结构的预应力筋表面涂有防锈材料，外套防老化的塑料管，防止与混凝土粘结。无粘结预应力混凝土结构通常与后张预应力工艺相结合。

三、预应力混凝土材料

（一）预应力筋

在预应力混凝土构件从制作到破坏整个过程中，预应力筋始终处于高应力状态，故对钢筋有较高的质量要求，具体有以下几个方面的要求：

1. 高强度

预应力筋中有效预应力的大小取决于预应力筋张拉控制应力的大小。考虑到预应力结构在施工以及使用的过程中将出现各种预应力损失，只有采用高强度材料，才有可能建立较高的有效预应力。

预应力结构的发展历史也表明，预应力筋必须采用高强材料。早在 19 世纪中后期，就进行了在混凝土梁中建立预应力的实验研究。由于采用了低强度的普通钢筋，加之预应力锚固损失以及混凝土的收缩徐变等原因，预应力随着时间的延长而丧失殆尽。直到约半个世纪后的 1928 年，法国工程师弗莱西奈特在采用高强度钢丝后，才获得成功，从此，预应力结构真正开始了工程实践应用。

提高钢材的强度通常有以下三种不同的方法：

（1）在钢材成分中增加某些合金元素，如碳、锰、硅、铬；

（2）采用冷拔、冷拉等方法来提高钢材屈服强度；

（3）通过调质热处理、高频感应热处理、余热处理等方法提高钢材强度。

2. 与混凝土之间有足够的粘结强度

在先张法预应力构件中，预应力筋和混凝土之间具有可靠的粘结力，以确保预应力筋的预加力可靠地传递至混凝土中。在后张法预应力构件中，预应力筋与孔道后灌的水泥浆之间应有较高的粘结强度，以使预应力筋与周围的混凝土形成一个整体来共同承受外荷载。

3. 良好的加工性能

预应力钢筋具有良好的可焊性、冷镦性及热镦性等，因为结构中的钢筋常常需要接长使用，也常需要经过镦粗加以锚固。

4. 较好的塑性

为实现预应力结构的延性破坏，保证预应力筋的弯曲和转折要求，预应力筋必须具有足够的塑性，即预应力筋必须满足一定的拉断延伸率和弯折次数的要求。特别是当构件处于低温或冲击环境以及在抗震结构中，此点更为重要。《设计规范》规定：预应力筋最大力下总伸长率 $\delta gt \geqslant 3.5\%$。

目前，国内常用的预应力钢材有：中强度预应力钢丝（光圆或螺旋筋）、消除应力钢丝（光圆或螺旋筋）、钢绞线（图 3-2）和预应力螺纹钢筋等。对于中小构件中的预应力钢筋，也可采用冷拔中强度钢丝、冷拔低碳钢丝和冷轧带肋钢筋等。钢绞线是用冷拔钢丝绞扭而成，其方法是在绞线机上以一种稍粗的直钢丝为中心，其余钢丝则围绕其进行螺旋状绞合（图 3-2），再经低温回火处理即可。钢绞线根据深加工的要求不同，又可分普通松弛钢绞线（消除应力钢绞线）、低松弛钢绞线、镀锌钢绞线、环氧涂层钢绞线和模拔钢绞线等几种。

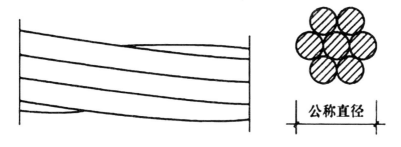

图 3-2　7 股钢绞线形式

钢绞线规格有 2 股、3 股、7 股和 19 股等。7 股钢绞线由于面积较大、柔软、施工定位方便，适用于先张法和后张法预应力结构与构件，是目前国内外应用最广的一种预应力筋。

（二）混凝土

混凝土的种类很多，在预应力混凝土中一般采用以水泥为胶结料的混凝土。对混凝土的基本要求有以下几个方面：

1. 高强度

预应力混凝土要求采用高强度混凝土的原因如下：

（1）采用与高强度预应力筋相匹配的高强度混凝土，可以充分发挥材料强度，从而有效减小构件截面尺寸和自重，以利于适应大跨径的要求；

（2）高强度混凝土具有较高的弹性模量，从而具有更小的弹性变形和与强度有关的塑性变形，预应力损失也可以相应减小；

（3）高强度混凝土具有更高的抗拉强度、局部承压强度以及较强的粘结性能，从而可推迟构件正截面和斜截面裂缝的出现，有利于后张和先张预应力筋的锚固。

预应力混凝土不仅应高强而且也要早期高强，以便早日施加预应力，提高构件的生产效率和设备的利用率。

目前，我国预应力混凝土的强度（28 天立方体抗压强度）一般为 30 ~ 50MPa（如采用钢绞线、钢丝和热处理钢筋作预应力筋时，混凝土强度等级不宜低于 C40），强度在 60 ~ 80MPa 的混凝土则用得很少。在一些发达国家，工厂预制的预应力混凝土强度一般为 50 ~ 80MPa，最高可达到 100MPa。

2. 低收缩、低徐变

在预应力混凝土结构中采用低收缩、低徐变的混凝土，一方面可以减小由于混凝土收缩、徐变产生的预应力损失；另一方面也可以有效控制预应力混凝土结构的徐变变形。

3. 快硬、早强

预应力结构中的混凝土具有快硬、早强的性质，可尽早施加预应力，加快施工进度，提高设备以及模板的利用率。

混凝土的强度主要取决于集料和水泥浆的强度以及集料与浆体之间的界面过渡区的强度。由于混凝土是微孔脆性材料，各部分的孔隙率以及孔隙的大小与分布情况直接与混凝土的强度有关。水胶比越小，拌合料硬化后的孔隙率越低，混凝土的强度就越高。高效减水剂能够有效改善水泥的水化程度，缩短水化时间，因此，掺加高效减水剂，有助于混凝土的快硬、早强。

第二节　施加预应力的方法、锚具和夹具

一、施加预应力的方法

混凝土的预应力是通过张拉构件内钢筋实现的。根据钢筋张拉与混凝土浇筑的先后次序不同，预应力筋施加预应力的方法可分为先张法和后张法。

1. 先张法

第一步：在台座（或钢模）上用张拉机具张拉预应力钢筋至控制应力，并用夹具临时固定，如图 3-3 所示。

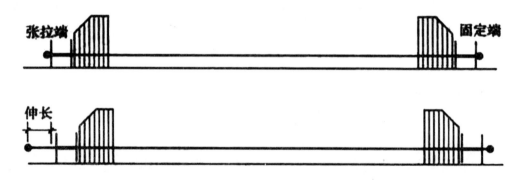

图 3-3　先张法示意（一）

第二步：支模并浇筑混凝土，养护（一般为蒸汽养护）至其强度不低于设计值的 75% 时，切断预应力钢筋，如图 3-4 所示。

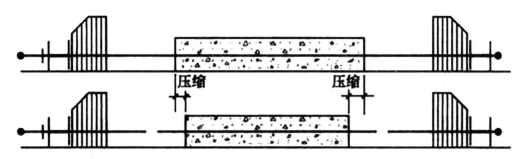

图 3-4　先张法示意（二）

2. 后张法

第一步：浇筑混凝土制作构件，并预留孔道，如图 3-5 所示。

第二步：在孔道中穿筋，并在构件上用张拉机具张拉预应力钢筋至控制应力，在张拉端用锚具锚住预应力钢筋，并在孔道内压力灌浆，如图 3-6 所示。

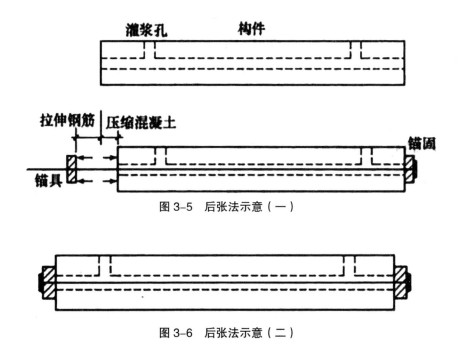

图 3-5　后张法示意（一）

图 3-6　后张法示意（二）

二、锚具和夹具

为了阻止被张拉的钢筋发生回缩，必须将钢筋端部进行锚固。锚固预应力钢筋和钢丝的工具有锚具和夹具两种类型。永久锚固在构件端部，与构件一起承受荷载，不能重复使用，称为锚具；在构件制作完成后能重复使用，称为夹具。

锚、夹具的种类很多，图 3-7 所示为几种常用的锚、夹具。其中，图 3-7（a）所示为锚固钢丝用的套筒式夹具；图 3-7（b）所示为锚固粗钢筋用的螺栓端杆锚具；图 3-7（c）

所示为锚固直径为 12 mm 的钢筋或钢绞线束的 JM12 夹片式锚具。

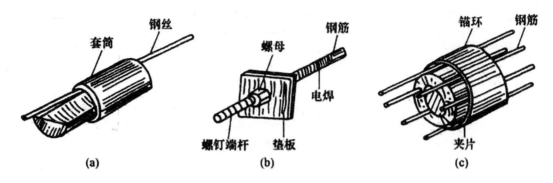

图 3-7　几种常用的锚、夹具

（a）套筒式夹具；（b）螺栓端杆锚具；（c）JM12 夹片式锚具

第三节　张拉控制应力和预应力损失

一、张拉控制应力

张拉钢筋时，张拉设备（如千斤顶）上的测力计所指示的总拉力除以预应力钢筋面积所得的应力值称为张拉控制应力，用 σ_{con} 表示。张拉控制应力的大小与预应力钢筋的强度标准值 f_{pyk}（软钢）或 f_{ptk}（硬钢）有关。

张拉控制应力的确定应遵循以下原则：

（1）张拉控制应力应尽量定得高一些。σ_{con} 定得越高，在预应力混凝土构件配筋相同的情况下产生的预应力就越大，构件的抗裂性就越好。

（2）张拉控制应力又不能定得过高。σ_{con} 过高时，张拉过程中，可能发生将钢筋拉断的现象；同时，构件抗裂能力过高时，开裂荷载将接近破坏荷载，使构件破坏前缺乏预兆。

（3）根据钢筋种类及张拉方法确定适当的张拉控制应力。软钢可定得高一些，硬钢可定得低一些；先张法构件的张拉控制应力可定得高一些，后张法构件可定得低一些。

张拉控制应力允许值，见表 3-1。

表 3-1　张拉控制应力允许值

钢种	张拉方法	
	先张法	后张法
消除应力钢丝	0.75fptk	0.70fptk
热处理钢丝	0.70fptk	0.65fptk
冷拉钢筋	0.90fptk	0.85fptk

二、预应力损失

按照某一控制应力值张拉的预应力钢筋，其初始的张拉应力会由于各种原因而降低，这种预应力降低的现象称为预应力损失，用 σ1 表示。预应力损失值包括以下几种：

（1）σ11。锚具变形和预应力筋内缩引起的预应力损失。主要由张拉端锚具变形和预应力筋内缩引起。

1）先张法构件。直线预应力筋由锚具变形和预应力筋内缩引起的预应力损失 σ11，应按下式计算：

$$\sigma_{l1} = \frac{a}{l} E_s$$

式中　a——张拉端锚具变形和预应力筋内缩值（mm），可按表3-2采用；

l——张拉端至锚固端之间的距离（mm）；

Es——预应力钢筋的弹性模量。

表 3-2　锚具变形和预应力筋内缩值 a　　mm

锚具类别		a
支承式锚具（钢丝束镦头锚具等）	螺帽缝隙	1
	每块后加垫板的缝隙	1
夹片式锚具	有顶压时	5
	无顶压时	6~8
注：1. 表中的锚具变形和预应力筋内缩值也可根据实测数据确定；		
2. 其他类型的锚具变形和预应力筋内缩值应根据实测数据确定。		

块体拼成的结构，其预应力损失还应考虑块体间填缝的预压变形。当采用混凝土或砂浆为填缝材料时，每条填缝的预压变形值可取为 1mm。

2）后张法构件。后张法构件预应力筋或折线形预应力筋由于锚具变形和预应力筋内缩引起的预应力损失值 σ11，应根据曲线预应力筋或折线预应力筋与孔道之间反向摩擦影响长度 lf 范围内的预应力筋变形值等于锚具变形和预应力筋内缩值的条件确定，反向摩擦系数，可按表3-3采用。

表 3-3　预应力钢筋与孔道壁之间的摩擦系数

孔道成型方式	K	μ	
		钢绞线、钢丝束	预应力螺纹钢筋
预埋金属波纹管	0.0015	0.25	0.50
预埋塑料波纹管	0.0015	0.15	—
预埋钢管	0.0010	0.30	—
抽芯成型	0.0014	0.55	0.60
无粘结预应力筋	0.0040	0.09	—
注：表中系数也可根据实测数据确定			

减少该项损失的措施：由于 a 越小或 l 越大则 σ11 越小，所以尽量少用垫板。先张法采用长线台座张拉时 σ11 较小；而后张法中构件长度越大则 σ11 越小。

（2）σ12。其由预应力钢筋与孔道壁之间的摩擦引起。

后张法构件预应力筋与孔道壁之间的摩擦引起的预应力损失值 σ12，宜按下式计算：

$$\sigma_{12} = \sigma_{con}(1 - \frac{1}{e^{kx+\mu\theta}})\ （3-1）$$

式中 x——从张拉端至计算截面的孔道长度，可近似取该段孔道在纵轴上的投影长度（m）；

θ——从张拉端至计算截面曲线孔道各部分切线的夹角之和（rad）；

κ——考虑孔道每米长度局部偏差的摩擦系数，按表 3-3 采用；

μ——预应力钢筋与孔道壁之间的摩擦系数，按表 3-3 采用。

当 κx + μθ ≤ 0.3 时，σ12≈（κx + μθ）σ$_{con}$。

在式（3-1）中，对按抛物线、圆弧曲线变化的空间曲线及可分段后叠加的广义空间曲线，夹角之和 θ，可按下列近似公式计算：

抛物线、圆弧曲线 $\theta = \sqrt{a_v^2 + a_h^2}$

广义空间曲线 $\theta = \sum \sqrt{\triangle a_v^2 + \triangle a_h^2}$

式中 αv，αh——按抛物线、圆弧曲线变化的空间曲线预应力筋在竖直向、水平向投影所形成抛物线、圆弧曲线的弯转角；

Δαv，Δαh——广义空间曲线预应力筋在竖直向、水平向投影所形成分段曲线的弯转角增量。

对于先张法和后张法构件在张拉端锚口摩擦及在转向装置处的摩擦引起的预应力损失值 σ12，均按实测值或厂家提供的数据确定。

对于较长的构件可采用一端张拉另一端补拉，或两端同时张拉，也可采用超张拉。超张拉程序为 0—→1.1σ$_{con}$ —^{2min}→ 0.85σ$_{con}$ —→σ$_{con}$。

（3）σ13。混凝土加热养护时，由受张拉的钢筋与承受拉力的设备之间的温差引起，主要在先张法中，σ13 = 2Δt[Δt 为混凝土加热养护时，受张拉的预应力钢筋与承受拉力的设备之间的温差（℃）]。

通常采用两阶段升温养护来减小温差损失：先升温 20℃～25℃，待混凝土强度达到 7.5～10N/mm² 后，混凝土与预应力钢筋之间已具有足够的粘结力而结成整体；当再次升温时，二者可共同变形，不再引起预应力损失。因此，计算时取 Δt = 20℃～25℃。当在钢模上生产预应力构件时，钢模和预应力钢筋同时被加热，无温差，则该项损失为零。

（4）σ14。它由预应力钢筋的应力松弛引起，计算公式如下：

1）消除应力钢丝、钢绞线。

普通松弛：

$$\sigma_{l4} = 0.4\left(\frac{\sigma_{con}}{f_{ptk}} - 0.5\right)\sigma_{con}$$

低松弛：

当 $\sigma_{con} \leq 0.7f_{ptk}$ 时

$$\sigma_{l4} = 0.125\left(\frac{\sigma_{con}}{f_{ptk}} - 0.5\right)\sigma_{con}$$

当 $0.7f_{ptk} < \sigma_{con} \leq 0.8f_{ptk}$ 时

$$\sigma_{l4} = 0.2\left(\frac{\sigma_{con}}{f_{ptk}} - 0.575\right)\sigma_{con}$$

2）中强度预应力钢丝：$\sigma l4 = 0.08\sigma_{con}$。

3）预应力螺纹钢筋：$\sigma l4 = 0.03\sigma_{con}$。

当 $\frac{\sigma_{con}}{f_{ptk}} \leq 0.5$ 时，预应力筋的应力松弛损失值 $\sigma l4$，可取为零。

采用超张拉的方法减小松弛损失。超张拉时可采取以下两种张拉程序：第一种为 $0 \rightarrow 1.03\sigma_{con}$；第二种为 $0 \rightarrow 1.05\sigma_{con} \xrightarrow{2min} \sigma_{con}$。

（5）$\sigma l5$。它由混凝土的收缩和徐变引起，混凝土的收缩、徐变引起受拉区和受压区纵向预应力筋的预应力损失值 $\sigma l5$、$\sigma' l5$，可按下列方法计算：

先张法构件：

$$\sigma'_{l5} = \frac{60 + 340\dfrac{\sigma'_{pc}}{f'_{cu}}}{1 + 15\rho'}$$

后张法构件：

$$\sigma'_{l5} = \frac{55 + 300\dfrac{\sigma'_{pc}}{f'_{cu}}}{1 + 15\rho'}$$

式中 σpc，σ'_{pc}——受拉区、受压区预应力筋合力点处的混凝土法向压应力；

f'_{cu}——施加预应力时的混凝土立方体抗压强度；

ρ，ρ'——受拉区、受压区预应力筋和普通钢筋的配筋率，对于先张法构件，

$\rho = \dfrac{A_p + A_s}{A_0}$，$\rho' = \dfrac{A'_p + A'_s}{A_0}$；对后张法构件，$\rho = \dfrac{A_p + A_s}{A_n}$，$\rho' = \dfrac{A'_p + A'_s}{A_n}$（$A_0$ 为构件的换算截面面积，A_n 为构件的净截面面积）；对于对称配置预应力筋和普通钢筋的构件，配筋率 ρ、ρ' 应按钢筋总截面面积的一半进行计算。

当采用泵送混凝土时，宜根据实际情况考虑混凝土收缩、徐变引起预应力损失值增大的影响。所有能减少混凝土收缩、徐变的措施，相应地都将减少 $\sigma l5$。

（6）$\sigma l6$。用螺旋式预应力钢丝（或钢筋）作配筋的环形结构构件，由于螺旋式预应力钢丝（或钢筋）挤压混凝土引起的预应力损失。$\sigma l6$ 的大小与构件直径有关，构件直

径越小，预应力损失越大。当结构直径大于 3m 时，σl6 可不计；当结构直径小于或等于 3m 时，σl6 可取为 30N/mm²。

后张法构件的预应力筋采用分批张拉时，应考虑后批张拉预应力筋所产生的混凝土弹性压缩或伸长对于先批张拉预应力筋的影响，可将先批张拉预应力筋的张拉控制应力值 σ_{con} 增加或减小 αEσpci（σpci 为后批张拉预应力筋在先批张拉预应力筋重心处产生的混凝土法向应力）。

预应力混凝土构件在各阶段的预应力损失值，宜按表 3-4 的规定进行组合。

表 3-4　各阶段预应力损失值的组合

预应力损失值的组合	先张法构件	后张法构件
混凝土预压前（第一批）的损失	σl1+ σl2+ σl3+ σl4	σl1+ σl2
混凝土预压后（第二批）的损失	σl5	σl4+ σl5+ σl6

注：先张法构件由于预应力筋松弛引起的损失值 σl4 在第一批和第二批损失中所占的比例，如需区分，可根据实际情况确定

当计算求得的预应力总损失值小于下列数值时，应按下列数值取用：

（1）先张法构件，100N/mm²；

（2）后张法构件，80N/mm²。

第四节　预应力混凝土构件的构造要求

一、先张法预应力混凝土构件的构造要求

1. 先张法预应力钢筋尺寸及预留孔道尺寸

（1）先张法预应力钢筋最小净间距见表 3-5。

表 3-5　先张法预应力钢筋最小净间距

项目	内容			
钢筋类型	热处理钢筋	预应力钢丝	三股钢绞线	七股钢绞线
绝对值	15	15	20	25
相对值	2.5d 或 1.25de			

注：1. 当混凝土振捣密实性具有可靠保证时，净间距可放宽为最大粗集料粒径的 1.0 倍。

2. 表中 d 为预应力钢筋的公称直径，对热处理钢筋及预应力钢丝而言，即为其直径；而对钢绞线来说是其公称直径 d（截面的外接圆直径，轮廓至今）。因此，直径与截面之间并不存在 $A_p = \dfrac{\pi d^2}{4}$ 的对应关系，其真正的承载截面面积 A，应按钢筋表查找相应的公称截面面积。

3. 表中 de 为混凝土粗集料的最大粒径。

（2）预留孔道的内径应比预应力钢丝束或钢绞线束外径及需穿过孔道的连接器外径大 10 ～ 15mm。这是施工时穿筋布置预应力钢丝束或钢绞线束及锚具的起码条件。

（3）端面孔道的相对位置应综合考虑锚夹具的尺寸、张拉设备压头的尺寸、端面混凝土的局部承压能力等因素而妥善布置，必要时，应适当加大端面尺寸，以避免施工误差等意外因素造成张拉施工的困难。

（4）对预制构件，孔道之间的水平净间距不宜小于 50mm；孔道至构件边缘的净间距不宜小于 30mm，且不宜小于孔道直径的一半。

（5）框架梁在支座处承受负弯矩而在跨中承受正弯矩，因此预应力钢筋往往做曲线配置。在框架梁中，曲线的预留孔道在竖直方向的净间距不应小于孔道外径，水平方向的净间距不应小于 1.5 倍孔道外径；从孔壁算起的混凝土保护层厚度，在梁侧不宜小于 40mm 而在梁底不宜小于 50mm。

（6）大跨度受弯构件往往在制作时需要预先起拱，以抵消正常使用时产生的过大挠度，此时预留孔道，宜随构件同时起拱，以免引起计算以外的次应力。

2. 先张法预应力混凝土构件端部加固措施

（1）对于单根预应力钢筋或钢筋束，可以在构件端部设置螺旋钢筋圈。其端部宜设置长度不小于 150mm 且不少于 4 圈的螺旋筋，如图 3-8 所示；当有可靠经验时，也可利用支座垫板上的插筋代替螺旋筋，但插筋数量不应少于 4 根，其长度不宜小于 120mm。

（2）如果在支座处布置螺旋钢筋有困难，为满足预制构件与搁置支座连接的需要，有时在构件端部预埋支座垫板，并相应配有埋件的锚筋。可以利用支座垫板上的锚筋（插筋）代替螺旋筋约束预应力钢筋。预应力钢筋必须从两排插筋中穿过，并且插筋数量不少于 4 根，长度不少于 120mm，如图 3-9 所示。在我国预制的屋面板端部多采用这种措施。

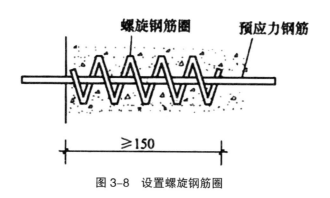

图 3-8　设置螺旋钢筋圈

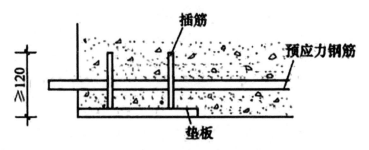

图 3-9　预应力钢筋从两排插筋中穿过

（3）对分散布置的多根预应力钢筋，每根钢筋都加螺旋钢筋圈有困难，则可以在构件端部 10d（d 为预应力钢筋的公称直径）且不小于 100mm 长度范围内设置 3～5 片与预应力钢筋垂直的钢筋网；钢筋网一般用细直径钢筋焊接或绑扎，如图 3-10 所示。

（4）对采用预应力钢丝配筋的薄板，由于端面尺寸有限，前述局部加强配筋的措施均难以执行。可以在板端 100mm 范围内，适当加密横向钢筋，其数量不少于 2 根，如图 3-11 所示。

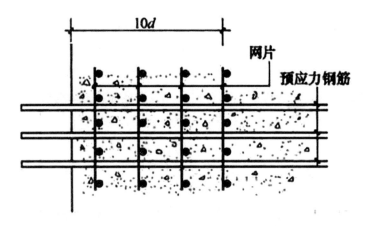

图 3-10　设置与预应力钢筋垂直的钢筋网

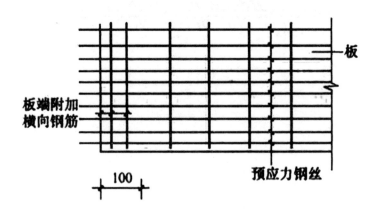

图 3-11　加密横向钢筋

（5）槽形板类构件，应在构件端部100mm长度范围内，沿构件板面设置附加横向钢筋，其数量不应少于2根。

二、后张法预应力混凝土构件的构造要求

（1）对预应力屋面梁、起重机梁等构件，宜将一部分预应力钢筋在靠近支座处弯起，弯起的预应力钢筋宜沿构件端部均匀布置，如图3-12所示。

（2）出于对构件安装的需要，预制构件端部预应力筋锚固处往往有局部凹进。此时应增设折线形的构造钢筋，连同支座垫板上的竖向构造钢筋（插筋或埋件的锚筋）共同构成对锚固区域的约束，如图3-13所示。

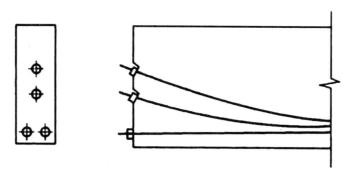

图3-12　弯起预应力钢筋

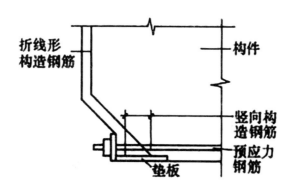

图3-13　增设折线形构造钢筋

（3）由于构件端部尺寸有限，集中的应力来不及扩散，端部局部承压区以外的孔道仍可能劈裂。因此，在局部受压间接钢筋配置区以外，在构件端部长度不小于$3e$（e为截面重心线上部或下部预应力钢筋的合力点至邻近边缘的距离）但不大于$1.2h$（h为构件端部截面高度）、高度为$2e$的附加配筋区范围内，应均匀配置附加箍筋或网片，其体积配筋率ρ_v应不小于0.5%，如图3-14所示。

（4）如果构件端部预应力钢筋无法均匀布置，而需集中布置在截面下部或集中布置

在上部和下部时，应在构件端部 0.2h（h 为构件端部截面高度）的范围内，设置附加竖向焊接钢筋网、封闭式箍筋或其他形式的构造钢筋，如图 3-15 所示。

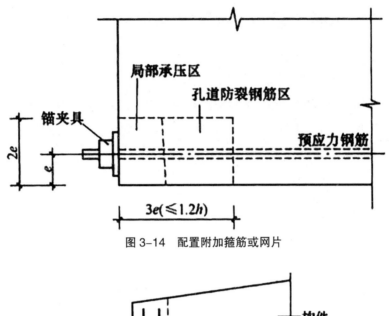

图 3-14　配置附加箍筋或网片

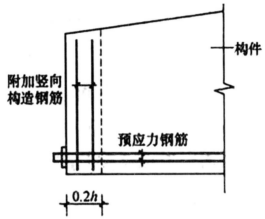

图 3-15　设置其他形式的构造钢筋

（5）除满足图 3-16 所示构造要求外，还应满足其体积配筋率 ρv 不小于 0.5%。

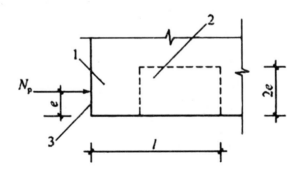

图 3-16　混凝土构造要求

1—间接钢筋配置区；2—端部锚固区；3—构件边缘

（6）预制构件安装就位后，往往以焊接形式与下部支撑结构相连。如构件长度较大，在构件端部应配置足够的非预应力纵向构造钢筋防裂。

（7）后张法预应力构件在张拉锚固后应在孔道内灌浆以保护预应力钢筋免受锈蚀，并具备一定的粘结锚固作用。为此在构件两端及跨中应设置灌浆孔或排气孔，其间距不宜大于12m。

（8）在预应力钢筋的锚夹具下及张拉设备压头的支撑处，应有事先预放的钢垫板以避免巨大的预压应力直接作用在混凝土上。其尺寸由构造布置确定。

（9）后张法预应力钢筋的锚固应选用可靠的锚具，其形式和质量要求应符合现行标准《预应力筋用锚具、夹具和连接器》（GB/T14370—2015）的规定。另外，对外露金属锚具，应采取可靠的防锈措施，或者浇筑混凝土加以封闭。

（10）后张法预应力筋及预留孔道布置，应符合下列构造规定：

1）预制构件中预留孔道之间的水平净间距不宜小于50mm，且不宜小于粗集料粒径的1.25倍；孔道至构件边缘的净间距不宜小于30mm，且不宜小于孔道直径的50%。

2）现浇混凝土梁中预留孔道在竖直方向的净间距不应小于孔道外径，水平方向的净间距不宜小于1.5倍孔道外径，且不应小于粗集料粒径的1.25倍；从孔道外壁至构件边缘的净间距，梁底不宜小于50mm，梁侧不宜小于40mm，裂缝控制等级为三级的梁，梁底、梁侧分别不宜小于60mm和50mm。

3）预留孔道的内径宜比预应力束外径及需穿过孔道的连接器外径大6～15mm，且孔道的截面面积宜为穿入预应力束截面面积的3.0～4.0倍。

4）当有可靠经验并能保证混凝土浇筑质量时，预留孔道可水平并列贴紧布置，但并排的数量不应超过2束。

5）在现浇楼板中采用扁形锚固体系时，穿过每个预留孔道的预应力筋数量宜为3～5根；在常用荷载情况下，孔道在水平方向的净间距不应超过8倍板厚及1.5m中的较大值。

6）板中单根无粘结预应力筋的间距不宜大于板厚的6倍，且不宜大于1m；带状束的无粘结预应力筋根数不宜多于5根，带状束间距不宜大于板厚的12倍，且不宜大于2.4m。

7）梁中集束布置的无粘结预应力筋，集束的水平净间距不宜小于50mm，束至构件边缘的净距不宜小于40mm。

第四章　钢筋混凝土构件

第一节　钢筋混凝土受弯构件

一、钢筋混凝土受弯构件的一般规定

梁和板是常见的受弯构件，其区别仅在于截面的高宽比 h/b 不同。

1. 梁的构造规定

（1）截面形式及尺寸。梁的截面形状有矩形、T形、十字形、工字形、倒T形等，如图4-1所示。现浇整体式结构，为了便于施工，常采用矩形或T形截面；而在预制装配式楼盖中，为了搁置预制板可采用矩形，为了不使室内净高降低太多，也可采用十字形截面；薄腹梁则可采用工字形截面。

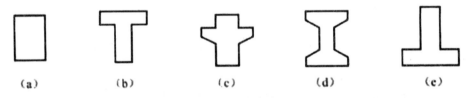

图4-1　梁的截面形式

（a）矩形；（b）T形；（c）十字形；（d）工字形；（e）倒T形

梁的截面尺寸应满足刚度、强度和经济尺寸等要求，通常沿梁全长保持不变，既要考虑模板尺寸（通常钢模以 50mm 为模数），也要使构件的截面尺寸统一，方便施工。

对于一般荷载作用下的梁的截面高度，可按钢筋混凝土受弯构件不进行刚度验算来确定，可参照表4-1，初定梁的最小截面高度。

表 4-1　梁的最小截面高度

项次	构建种类		简支梁	两段连续梁	悬臂梁
1	整体肋形梁	次梁	10/15	10/20	10/8
		主梁	10/12	10/15	10/6
2	独立梁		10/12	10/15	10/6

注：1. 10 为梁的计算跨度；
　　2. 梁的计算跨度 10 ≥ 9m 时，表中数值应乘以 1.2 的系数。常用梁高 h，取 h=250、300、350……750、800、900、1000（mm）等；截面高度 h ≤ 800mm 时，以 50mm 为模数；h > 800mm 时，以 100mm 为模数；梁宽 b 一般为 150、200、250、300（mm），若宽度 b > 200，一般级差取 50mm。梁宽与梁的跨度有关，梁高 h=（1/16~1/10）L，梁宽 b=（1/3~1/2）h。

（2）混凝土保护层厚度。混凝土保护层厚度是指从钢筋的外边缘至混凝土外边缘的垂直距离，用 c 表示，如图 4-2 所示。

混凝土保护层的作用是保护纵向钢筋不被锈蚀；在火灾等情况下，使钢筋的温度上升缓慢；使纵向钢筋与混凝土有较好的粘结。

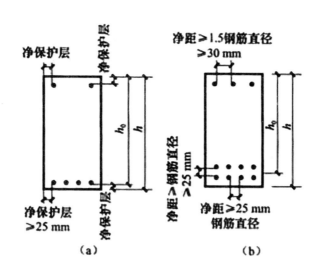

图 4-2　钢筋混凝土梁保护层示意图

（a）梁纵筋设一排；（b）梁纵筋设两排

当混凝土强度等级大于或等于 C25 时，梁中钢筋直径平均取 20mm。

（3）截面的有效高度。在进行受弯构件承载力计算时，由于混凝土抗拉强度较低，受拉区混凝土早已开裂退出工作，截面的抵抗弯矩主要由受拉钢筋承担的拉力与受压区混凝土承担的压力形成，因此，在计算截面弯矩时，截面高度只能采用有效高度。

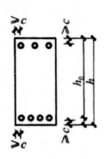

图 4-3 梁钢筋间距及有效高度

截面的有效高度是指受拉钢筋的合力作用点至混凝土受压边缘的距离，用 h_0 表示。室内正常环境下梁的有效高度 h0 与梁高 h 之间的关系如下：

h0 = h — as

式中 as——受拉钢筋合力点至截面受拉边缘的垂直距离。

为了便于浇筑混凝土，以保证钢筋周围混凝土的密实性，纵筋的净间距应满足图 4-4 所示的要求。

（4）混凝土强度等级。梁常用的混凝土强度等级是 C20、C25、C30、C35、C40、C45 和 C50。通过提高混凝土强度等级对增大受弯构件的正截面受弯承载力的作用不明显，多是通过加大梁截面高度来提高其受弯承载力。

（5）钢筋。在一般的钢筋混凝土梁中，通常配置有纵向受力钢筋、箍筋和纵向构造钢筋，如图 4-4 所示。

1）纵向受力钢筋。纵向受力钢筋的作用主要是承受弯矩产生的拉力，通常设置在受拉区，通过计算来确定。一般采用 HRB400、HRB500 级钢筋，直径取 12 ~ 28mm，根数不少于 2 根。同一构件中钢筋直径的种类一般不宜超过两种，为了施工时易于识别其直径，一般钢筋直径相差也不小于 2mm。当梁高大于 300mm 时，钢筋混凝土梁内纵向受力钢筋的直径，不应小于 10mm。

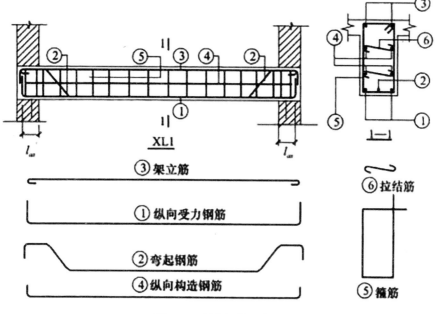

图 4-4　梁中钢筋示意图

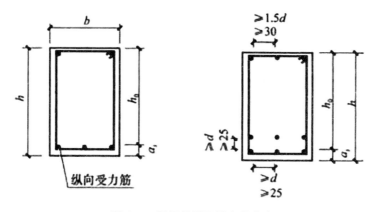

图 4-5　梁钢筋间距及有效高度

当梁内纵向受力钢筋的根数较多，一排不能满足钢筋净距、混凝土保护层厚度时，应将钢筋排成两排。为了保证钢筋周围混凝土的密实性，以及保证钢筋能与混凝土粘结在一起，梁上部纵向受力钢筋的净距，不应小于30mm，也不应小1.5d（为受力钢筋的最大直径）；梁下部纵向受力钢筋的净距，不应小于25mm，也不应小于d，如图4-5所示。

2）弯起钢筋。弯起钢筋由纵向受力钢筋弯起而成，其作用是在跨中承受正弯矩产生的拉力，在靠近支座的弯起段承受弯矩和剪力共同产生的主拉应力。从受力角度看，尤其是采用绑扎骨架的钢筋混凝土梁承受剪力应优先采用箍筋。但为施工方便，工程中很少设置纵向受力弯起钢筋。

3）箍筋。箍筋主要承受梁中剪力的作用，同时箍筋还兼有固定纵向受力钢筋位置，并和其他钢筋一起形成钢筋骨架以及限制斜裂缝宽度等作用。在钢筋混凝土梁中，宜采用箍筋作为承受剪力的钢筋。箍筋的直径与梁高有关。当梁高大于 800mm 时，箍筋直径不小于 8mm；当梁高小于或等于 800mm 时，箍筋直径不小于 6。

4）架立钢筋。架立钢筋的作用是固定箍筋的位置，与纵向受力钢筋构成钢筋骨架，并承受混凝土因温度变化、混凝土收缩引起的拉应力，改善混凝土的延性。

当梁的跨度小于 4m，架立钢筋直径 d ≥ 8mm；当跨度为 4～6m，d ≥ 10mm；当跨度大于 6m，d ≥ 12mm。架立钢筋至少为两根，布置在梁箍筋转角处的角部。

5）梁侧纵向构造钢筋。由于混凝土收缩，在梁的侧面产生收缩裂缝的现象，时有发生。裂缝一般呈枣核状，两头尖而中间宽，向上伸至板底，向下至于梁底纵筋处，如图 4-6（a）所示。

当梁的腹板高度 ≥ 450mm 时，在梁的两个侧面应沿梁的高度方向配置纵向构造钢筋，如图 4-6（b）所示，又称为腰筋，设置在梁的侧面，承受因温度变化及混凝土收缩在梁的侧面引起的应力，并抑制裂缝的开展。

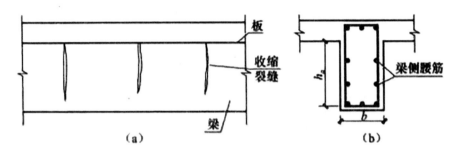

图 4-6　梁侧防裂的纵向构造钢筋

（a）梁的侧面产生收缩裂缝；（b）梁侧纵向构造钢筋

每侧纵向构造钢筋的截面面积，不应小于腹板截面面积的 0.1%，且其间距不宜大于 200mm。

在受弯构件中，仅在截面的受拉区按计算配置受力钢筋的截面称为单筋截面，如图 4-7（a）、（b）所示。同时在截面的受拉区和受压区都按计算配置纵向受力钢筋的截面，称为双筋截面，如图 4-7（c）、（d）所示。

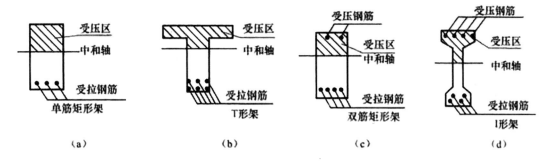

图 4-7　单筋与双筋截面梁

（a）矩形单筋；（b）T 形单筋；（c）矩形双筋；（d）工字形双筋

2. 板的构造规定

（1）板的厚度。板的厚度应满足承载力、刚度、抗裂等要求。现浇板的宽度一般较大，设计时，可取单位宽度（b＝1000mm）进行计算。其厚度满足上述要求，即不需作挠度验算。现浇钢筋混凝土板的最小厚度，见表 4-2。

表 4-2　现浇钢筋混凝土板的最小厚度　mm

板的类别		厚度
单向板	屋面板	60
	民用建筑楼板	60
	工业建筑楼板	70
	行车道下的楼板	80
双向板		80
密肋楼盖	面板	50
	肋高	250
悬臂版	悬臂长度不大于 500	60
	悬臂长度 1200	100
无梁楼板		150
现浇空心楼盖		200

（2）板的支撑长度。现浇板搁置在砖墙上时，其支撑长度 a 应满足 a ≥ 100mm；搁置在钢筋混凝土屋架或钢筋混凝土梁上时，a ≥ 80mm；搁置在钢屋架或钢梁上时，a ≥ 60mm。

（3）板中受力钢筋。单向板中一般配置有受力钢筋和分布钢筋两种钢筋，双向板中两个方向均为受力钢筋。

板的纵向受力钢筋通常采用 HPB300、HRB335、HRB400 钢筋级，其直径为 8 ~ 14mm，间距一般为 70 ~ 200mm，如图 4-8 所示。当板厚≤ 150mm 时，钢筋不宜大于 200mm；当板厚大于 150mm 时，间距不宜大于 1.5h，且不宜大于 250mm。

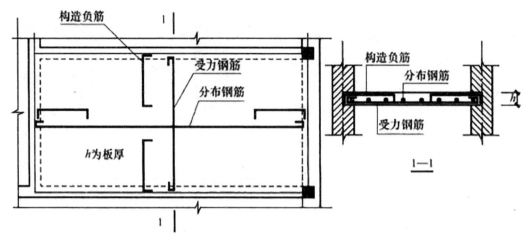

图 4-8　板中钢筋

（4）板中分布钢筋。垂直于板的受力钢筋方向上布置的构造钢筋称为分布钢筋，且配置在受力钢筋的内侧。

分布钢筋的作用是将板面承受的荷载更均匀地传给受力钢筋，并用来抵抗温度、收缩应力沿分布钢筋方向产生的拉应力，同时在施工时，可固定受力钢筋的位置。

分布钢筋可按构造配置。《混凝土结构设计规范(2015 年版)》(GB50010—2010)规定：应在垂直于受力的方向布置钢筋，单位宽度上的配筋不宜小于单位宽度上的受力钢筋的15%，且配筋率不宜小于 0.15%；分布钢筋直径不宜小于 6mm 间距不宜大于 250mm；当集中荷载较大时，分布钢筋的面积应增加，且间距大宜小于 200mm。

在温度收缩应力较大的现浇板区域内，钢筋间距宜适当减小，并应在板端表面配置温度和收缩钢筋，其配筋率不宜小于 0.1%。

二、受弯构件正截面承载力计算的一般规定

1. 受弯构件正截面破坏形态

受弯构件正截面破坏特征主要由纵向受拉钢筋配筋率 ρ 的大小确定。受弯构件的配筋率 ρ，是指纵向受力钢筋的截面面积与正截面的有效面积的比值。但在验算最小配筋率时，有效面积应改为全面积。

$$\rho = \frac{A_s}{bh_0}$$

式中　As——纵向受力钢筋的截面面积（mm^2）；

b——截面的宽度（mm）；

h0——截面的有效高度（mm）。

由 ρ 的表达式可以看出，ρ 越大，表示 As 越大，即纵向受力钢筋的数量越多。

由于配筋率 ρ 的不同，钢筋混凝土受弯构件将产生不同的破坏情况，根据其正截面的破坏特征可分为少筋梁破坏、适用梁破坏和超筋梁破坏三种破坏情况，如图 4-9 所示。

（1）少筋梁破坏。纵向受力钢筋的配筋率过小的梁称为少筋梁，如图 4-9（a）所示。

少筋梁在受拉区的混凝土开裂前，截面的拉力由受拉区的混凝土和受拉钢筋共同承担。当受拉区的混凝土一旦开裂，截面的拉力几乎全部由钢筋承受。由于受拉钢筋过少，钢筋的应力迅速达到受拉钢筋的屈服强度，并且进入强化阶段。若钢筋的数量很少，钢筋甚至可能被拉断。

少筋梁破坏时，裂缝往往集中出现一条，不仅裂缝发展速度很快，而且裂缝宽度很大，几乎贯穿整个梁高，同时梁的挠度也很大，即使此时受压区混凝土还未被压碎，也可以认为梁已经被破坏了。受拉区混凝土一裂即坏，即少筋梁的极限承载力取决于混凝土的抗拉强度，因此，其是不经济的。破坏时缺乏必要的预兆，属于脆性破坏，因而，其也是不安全的。故在建筑结构中不得采用少筋梁，并以最小配筋率 ρ_{min} 取 0.2% 和 45ft/fy 中的较大值。

（2）适用梁破坏。适筋梁是指纵向受力钢筋的配筋量适当的梁，如图 4-9（b）所示。其破坏特点是：受拉钢筋首先屈服，钢筋应力保持不变而产生显著的塑性伸长，受压区边缘混凝土的应变达到极限压应变，混凝土压碎，构件破坏。梁破坏前，钢筋经历了较大的塑性伸长，从而引起构件产生较大的塑性变形，挠度较大，有明显的破坏预兆，属于塑性破坏。由于适筋梁能完全发挥材料的强度，受力合理且有明显的破坏预兆，所以，实际工程中的钢筋混凝土梁都应设计成适筋梁。

（3）超筋梁破坏。梁配筋过多会发生超筋破坏，如图 4-9（c）所示。破坏时，压区混凝土被压坏，而拉区钢筋应力尚未达到屈服强度。破坏前，梁的挠度及截面曲率曲线没有明显的转折点，拉区的裂缝宽度较小，破坏是突然的，没有明显预兆，属于脆性破坏，称为超筋破坏。这种梁配筋虽多却不能充分发挥作用，所以，实际过程中不允许采用超筋梁，并通过最大配筋率 ρ_{max} 加以限制。

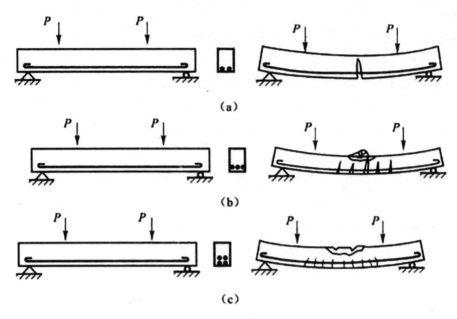

图 4-9 梁的正截面破坏

（a）少筋梁破坏；（b）适用梁破坏；（c）超筋梁破坏

2. 适筋梁工作的三个阶段

适筋梁从施加荷载到破坏为止，其正截面受力状态可分为三个阶段，如图 4-10 所示。

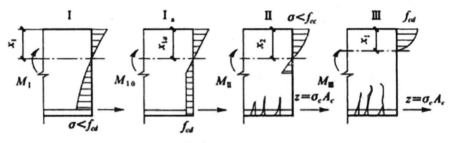

图 4-10 钢筋混凝土梁工作的三个阶段

第 I 阶段荷载较小，梁基本上处于弹性工作阶段，随着荷载增加，弯矩加大，拉区边缘纤维混凝土表现出一定塑性性质。

第 II 阶段弯矩超过开裂弯矩 M_{cr}，梁出现裂缝，裂缝截面的混凝土退出工作，拉力由纵向受拉钢筋承担。随着弯矩的增加，受压区混凝土也表现出塑性性质，当梁处于第 II 阶段末 II a 时，受拉钢筋开始屈服。

第 III 阶段钢筋屈服后，梁的刚度迅速下降，挠度急剧增大，中和轴不断上升，受压区高度不断减小。受拉钢筋应力不再增加，经过一个塑性转动，构成压区混凝土被压碎，构件丧失承载力。

第 I 阶段末可作为受弯构件抗裂度的计算依据。

第Ⅱ阶段可作为受弯构件使用阶段的变形和裂缝开展计算时的依据。

第Ⅲ阶段末的极限状态可作为受弯构件正截面承载能力计算的依据。

通过以上分析，将适筋梁正截面受弯的三个受力阶段的主要特点归纳，见表4-3。

表4-3　适筋梁正截面受弯的三个受力阶段的主要特点

受力阶段 主要特点		第Ⅰ阶段	第Ⅱ阶段	第Ⅲ阶段
名称		未裂阶段	带裂缝工作阶段	破坏阶段
外观特征		没有裂缝	有裂缝，挠度还不明显	钢筋屈服，裂缝宽、挠度大
弯矩—截面曲率		大致呈直线	曲线	接近水平的曲线
混凝土应力图形	受力区	直线	受压区高度减小，混凝土压应力图形为上升段的曲线，应力峰值在受压区边缘	受压区高度进一步减小，混凝土压应力图形为较丰满的曲线；后期为有上升段与下降段的曲线，应力峰值不在受压区边缘而在边缘的内侧
	受拉区	前期为直线，后期为有上升段的曲线，应力峰值不在受控区边缘	大部分退出工作	绝大部分退出工作
纵向受拉钢筋应力		$\sigma 0 \leq 20\sim30\text{N/mm}^{-3}$	$20\sim30\text{N/mm}^{-3} < \sigma 0 < f_{y0}$	$\sigma s = f_{y0}$
与设计计算的联系		Ⅰa阶段用于抗裂验算	用于裂缝宽度及变形验算	Ⅱa阶段用于正截面受弯承载力计算

3. 基本计算公式及适用条件

（1）基本假定。我国《混凝土结构设计规范（2015年版）》（GB50010—2010）对钢筋混凝土受弯构件正截面承载力计算，采用下列基本规定：

1）截面应变保持平面，即变形前的平面变形后仍为平面；

2）不考虑混凝土的抗拉强度，全部拉应力由纵向受拉钢筋承担；

3）受压区混凝土的应力与应变关系按下列规定选用：

当 $\varepsilon_c \leq \varepsilon_0$ 时，$\sigma_c = f_c[1-(1-\dfrac{\varepsilon_c}{\varepsilon_0})\,n]$

当 $\varepsilon_0 < \varepsilon_c \leq \varepsilon_{cu}$ 时，$\sigma_c = f_c$

式中　σ_c——混凝土压应变为 εc 时的混凝土压应力；

f_c——混凝土轴心抗压强度设计值；

ε_0——混凝土压应力刚达到 f_c 时的混凝土压应变；$\varepsilon_0 = 0.002 + 0.5（f_{cu}, k - 50）\times 10 - 5$，当计算 ε_0 值小于0.002时，取为0.002；

ε_{cu}——正截面的混凝土极限压应变，当处于非均匀受压且 $\varepsilon_{cu} = 0.0033 -（f_{cu}, k - 50）\times 10 - 5$ 的计算值大于0.0033时，取为0.0033；当处于轴心受压时取为 ε_0；

f_{cu}, k——混凝土立方体抗压强度标准值；

n——系数，$n = 2 - \dfrac{1}{60}(f_{cu, k} - 50)$，当计算的几值大于 2.0 时，取为 2.0。

对于混凝土各强度等级，n、ε_0、ε_{cu} 的计算结果，见表 4-4。

表 4-4　n、ε_0、ε_{cu} 的计算值

fcu, k	≤ C50	C60	C70	C80
n	2	1.93	1.67	1.5
ε_0	0.002	0.00205	0.0021	0.00215
ε_{cu}	0.0033	0.0032	0.0031	0.0030

对于混凝土强度等级为 C50 及以下时，混凝土的应力应变曲线为一条抛物线加直线的曲线，如图 4-11 所示：

4）纵向受拉钢筋的应力取钢筋应变与其弹性模量的乘积，但其绝对值不应大于其相应的强度设计值。纵向受拉钢筋的极限压应变取为 0.01。

（2）等效矩形应力。根据上述四个基本假定，单筋矩形截面受弯构件计算简图如图 4-12 所示。为了进一步简化计算，只需要知道受压区混凝土的压应力合力大小及作用位置，故采用等效矩形应力图形来代替理论应力图形。

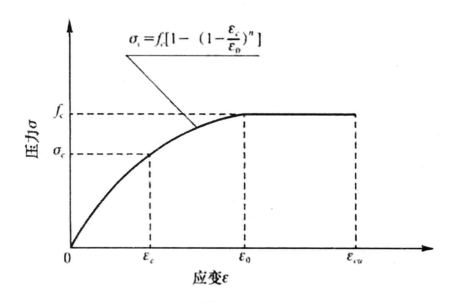

图 4-11　混凝土应力 - 应变关系曲线

用等效矩形应力图形来代替理论应力图形应满足的条件是：

（1）保持受压区混凝土的合力大小不变；

（2）保持受压区混凝土的合力作用点的位置不变。

x = β1xc，σ0 = α1fc

式中　β1——系数，当混凝土强度等级不超过 C50 时，取 0.8，当混凝土强度等级为 C80 时，取 0.74，中间按照线性内插法确定；

$\alpha 1$——系数，当混凝土强度等级不超过 C50 时，取 1.0，当混凝土强度等级为 C80 时，取 0.94，中间按照线性内插法确定。

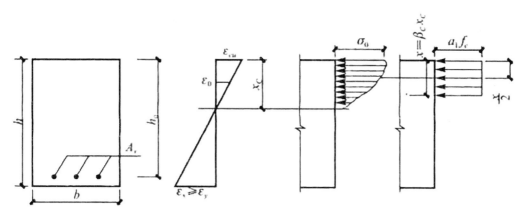

图 4-12　等效矩形应力图

4.单筋矩形截面正截面承载力的计算

（1）基本公式及其适用条件。受弯构件正截面承载力的计算，是求由荷载设计值在构件内产生的弯矩，按材料强度设计值得出的构件受弯承载力设计值。

采用等效矩形应力图形来代替理论应力图形，可得到，如图 4-13 所示单筋矩形截面受弯构件正截面承载力计算简图。

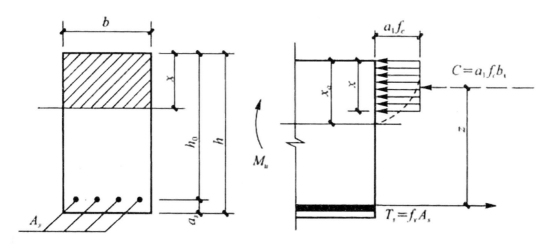

图 4-13　单筋矩形截面受弯构件正截面承载力计算简图

根据力和力矩平衡条件，可得单筋矩形截面受弯构件正截面承载力计算基本公式为

$$\sum x = 0, \quad a_1 f_c bx = f_y A_x$$

$$\sum M = 0, \quad M \leqslant M_u = a_1 f_c bx \left(h_0 - \frac{x}{2} \right)$$

$$M \leqslant M_u = f_y A_x \left(h_0 - \frac{x}{2} \right)$$

式中　　fc——混凝土轴心抗压强度设计值；

b——截面宽度；

x——混凝土受压区高度；

$\alpha 1$——系数，取值同前所述；

f_y——钢筋抗拉强度设计值；

As——纵向受拉钢筋截面面积；

h_0——截面有效高度；

M_u——截面破坏时的极限弯矩；

M——作用在截面上的弯矩设计值。

为了保证受弯构件为适筋破坏，不出现超筋破坏和少筋破坏，上述基本公式必须满足下列适用条件：

1）防止超筋脆性破坏：

$x \leqslant x_b = \xi_b h_0$

或 $\xi \leqslant \xi_b$

$\rho = \dfrac{A_s}{bh_0} \leqslant \rho_{max} = \xi_b \dfrac{a_1 f_c}{f_y}$

$M \leqslant M_{u,max} = a_1 f_c bh_0^2 a_{s,\ max}$

或 $a_{s,max} = \xi_b(1 - 0.5\xi_b)$

2）为防止少筋破坏，应符合的条件为：

$\rho \geqslant \rho_{min}$

或 $A_s \geqslant A_{s,\ min} = \rho_{min} bh$

式中　　ξ——相对受压区高度 $\xi = \dfrac{x}{h_0}$

ξ_b——相对界限受压区高度 $\xi_b = \dfrac{x_b}{h_0}$，见表 4-5；

$\alpha s,\ max$——系数，见表 4-5；

Mu, max——将混凝土受压区的高度 x 取其最大值（$\xi bh0$）求得的单筋矩形截面所能承受的最大弯矩；

ρ_{min}——最小配筋率，其取值见表 4-6。

表 4-5　相对界限受压区高度 ξb 和 αs, max

混凝土强度等级		≤ C50	C60	C70	C80
HPB300 钢筋	ξ b	0.576	0.556	0.537	0.518
	α s, max	0.410	0.402	0.393	0.384
	ξ b	0.550	0.531	0.512	0.493
	α s, max	0.399	0.390	0.381	0.372
	ξ b	0.518	0.499	0.481	0.463
	α s, max	0.384	0.375	0.365	0.356
	ξ b	0.482	0.464	0.447	0.429
	α s, max	0.366	0.357	0.347	0.337

表 4-6　混凝土构件中纵向受力钢筋的最小配筋百分率 ρ min%

受力类型			最小配筋百分率
受压构件	全部纵向钢筋	强度等级 500MPa	0.50
		强度等级 400MPa	0.55
		强度等级 300MPa、335MPa	0.60
	一侧纵向钢筋		0.20
受弯构件、偏心受拉、轴心受拉构件一侧的受拉钢筋			0.20 和 45ft/fy 中的较大值

注：1. 受压构件全部纵向钢筋最小配筋百分率，当采用 C60 以上强度等级的混凝土时，应按表中规定增加 0.10；

2. 板类受弯构件（不包括悬臂板）的受拉钢筋，当采用强度等级 400MPa、500MPa 级钢筋时，其最小配筋百分率允许采用 0.15 和 45ft/fy 中的较大值；

3. 偏心受拉构件中的受压钢筋，应按受压构件一侧纵向钢筋考虑；

4. 受压构件的全部纵向钢筋和一侧纵向钢筋的配筋率，以及轴心受拉构件和小偏心受拉构件一侧受拉钢筋的配筋率应按构件的全截面面积计算；

5. 受弯构件，大偏心受拉构件一侧受拉钢筋的配筋率，应按全截面面积扣除受压翼缘面积后的截面面积计算；

6. 当钢筋沿构件截面周边布置时，"一侧纵向钢筋"是指沿受力方向两个对边中一边布置的纵向钢筋。

（2）基本公式的应用。

1）截面设计。它是在已知弯矩设计值 M 的情况下，选定材料强度等级 fc、fy，确定梁的截面尺寸 b、h，计算出受拉钢筋截面面积 As。

计算步骤如下：

①假设 as；

②确定截面有效高度 h0：h0 = h — as；

③计算混凝土受压区高度 x，并判断是否属超筋梁。

$$x = h_0 - \sqrt{h_0^2 - \frac{2M}{a_1 f_c b}}$$

$$M = a_1 f_c bx \left(h_0 - \frac{x}{2}\right)$$

若 x ≤ ξbh0，则不属超筋梁；

若 x > ξbh0，为超筋梁，应加大截面尺寸，或提高混凝土强度等级，或改用双筋截面。

④计算钢筋截面面积 As：As ＝ α1fcbx/fy。

⑤ As ＝ fcbx/fy。

⑥选筋及布置。

根据计算所得 As，并考虑钢筋的净距和保护层厚度要求，由钢筋截面面积表选择，见表 4-7。

⑦实际配筋率 $\dfrac{A_x}{bh_0}$

⑧验证 ρ ≥ ρmin。

2）强度复核。它是在已知弯矩设计值 M、材料强度等级 fc、fy、梁的截面尺寸 b、h 以及受拉钢筋截面面积 As 的情况下，复核梁所能承受的最大破坏弯矩 Mu。

计算步骤如下：

①计算 as。

②求 x：a1fcbx ＝ fyAs。

③求 Mu。比较 M 和 Mu 的大小：

$$M_u = a_1 f_c bx\left(h_0 - \frac{x}{2}\right)$$

$$M_u = f_y A_x\left(h_0 - \frac{x}{2}\right)$$

表 4-7　钢筋的计算截面面积及公称质量表

直径 /mm	不同根数钢筋的计算截面面积 /mm⁻³									单根钢筋重量 （kg·m⁻¹）
	1	2	3	4	5	6	7	8	9	
6	28.3	57	85	113	142	170	198	226	255	0.222
8	50.3	101	151	201	252	302	352	402	453	0.395
10	78.5	157	236	314	393	471	550	628	707	0.617
12	113.1	226	339	452	565	678	791	904	1017	0.888
14	153.9	308	461	615	769	923	1077	1231	1385	1.21
16	201.1	402	603	804	1005	1206	1407	1608	1809	1.58
18	254.5	509	763	1017	1272	1526	1780	2036	2290	2.00（2.11）
20	314.2	628	940	1256	1570	1884	2200	2513	2827	2.47
22	380.1	760	1140	1520	1900	2271	2661	3041	3421	2.98
25	490.9	982	1473	1964	2454	2945	3436	3927	4418	3.85（1.10）
18	615.8	1232	1847	2463	3079	3695	4310	4926	5542	4.83
32	804.2	1609	2413	3217	4021	4826	5630	6434	7238	6.31（6.65）
36	1017.9	2036	2054	4072	5089	6107	7125	8143	9161	7.99
40	1256.6	2513	3770	5027	6283	7540	8796	10053	11310	9.87（10.34）
50	1963.5	3928	5892	7856	9820	11784	13748	15115	17676	15.42（16.28）

5. 双筋矩形截面受弯构件正承载力计算

（1）双筋截面及适用情况。在正截面受弯中，双筋截面采用受压钢筋协助混凝土承受压力是不经济的。因而，双筋截面只适用以下情形：

1）当截面承受的弯矩设计值 M 很大，按单筋截面计算时，$\xi > \xi b$，而截面尺寸和混凝土强度等级由于条件限制不能增加时。

2）梁的同一截面在不同荷载组合下承受异号弯矩的作用，如，连续梁在不同活荷载分布情况下跨中弯矩。

3）抗震结构中的框架梁，在截面受压区配置受力钢筋。受压钢筋还可减少混凝土的徐变。

（2）基本公式。试验表明，只要满足适筋梁的条件，双筋截面的破坏形式与单筋矩形截面适筋梁塑性破坏特征基本相同，即受拉钢筋首先屈服，随后受压区边缘混凝土达到极限压应变而被压碎。

双筋矩形截面受弯构件到达受弯承载力极限状态时的截面应力状态，如图 4-14 所示，其双筋正截面受弯承载力可按下列公式计算：

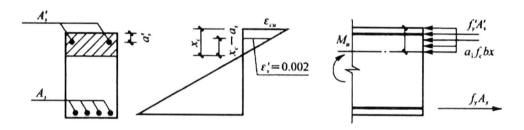

图 4-14 双筋矩形截面计算简图

由力的平衡条件可得：

$$\sum x = 0 \qquad a_1 f_c bx + f'_y A'_s = f_y A_s$$

$$\sum M = 0 \qquad M_u = a_1 f_c bx (h_0 - \frac{x}{2}) + f'_y A'_s (h_0 - a'_s)$$

（3）适用条件。

1）为保证截面破坏时受拉钢筋能达到设计强度，防止截面出现超筋破坏，需满足 $x \leq \xi bh0$。

2）为保证截面破坏时纵向受压钢筋能达到设计抗压强度，需满足 $x \geq 2a'_s$。

其含义为：受压钢筋位置不低于矩形受压应力图形的重心。当不满足此项规定时，则表明受压钢筋的位置离中和轴太近，受压钢筋的应变 ε'_s 太小，以致其应力达不到抗压强度设计值 f'_y。

3）双筋截面一般不必验算 ρ_{min}，因为受拉钢筋面积较大。

三、受弯构件斜截面承载力的构造要求

1. 受弯构件斜截面受力与破坏分析

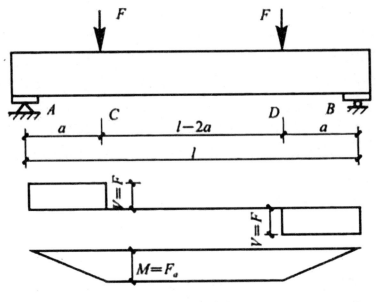

图 4-15 对称加载简支梁

（1）斜截面开裂前的受力分析。如图 4-15 所示，矩形截面简支梁，在跨中正截面抗弯承载力有保证的情况下，有可能在剪力和弯矩的联合作用下，在支座附近区段发生沿斜截面破坏。

梁在荷载作用下的主应力迹线，如图 4-16 所示，图中实线为主拉应力迹线，虚线为主压应力迹线。

位于中和轴处的微元体 1，其正应力为零，切应力最大，主拉应力 σ_{tp} 和主压应力 σ_{cp} 与梁轴线呈 45° 角。位于受压区的微元体 2，主拉应力 σ_{tp} 减小，主压应力 σ_{cp} 增大，主拉应力与梁轴线夹角大于 45°。位于受拉区的微元体 3，主拉应力 σ_{tp} 增大，主压应力 σ_{cp} 减小，主拉应力与梁轴线夹角小于 45°。

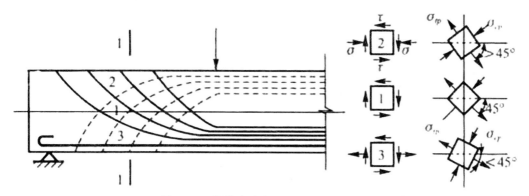

图 4-16　梁的主应力迹线和单元体应力图

当主拉应力或主压应力达到材料的抗拉或抗压强度时，将引起构件截面的开裂和破坏。

（2）无腹筋梁的受力及破坏分析。腹筋是箍筋和弯起钢筋的总称。无腹筋梁是指不配箍筋和弯起钢筋的梁。

试验表明，当荷载较小，裂缝未出现时，可将钢筋混凝土梁视为均质弹性材料的梁，其受力特点可用材料力学的方法分析。随着荷载的增加，梁在支座附近出现斜裂缝。

如图 4-17 所示，与剪力 V 平衡的力有：AB 面上的混凝土切应力合力 Vc；由于开裂面 BC 两侧凹凸不平产生的集料咬合力 Va 的竖向分力；穿过斜裂缝的纵向钢筋在斜裂缝相交处的销栓力 Vd。

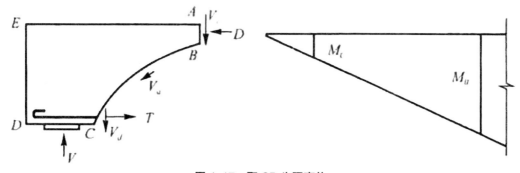

图 4-17　取 CB 为隔离体

与弯矩 M 平衡的力矩主要由纵向钢筋拉力 T 和 AB 面上混凝土压应力合力 D 组成的内力矩。

由于斜裂缝的出现，梁在剪弯段内的应力状态将发生变化，其主要表现在：

1）开裂前的剪力是全截面承担，开裂后，则主要由剪压区承担，混凝土的切应力大大增加，应力的分布规律不同于斜裂缝出现前的情景。

2）混凝土剪压区面积因斜裂缝的出现和发展而减小，剪压区内的混凝土压应力将大大增加。

3）与斜裂缝相交的纵向钢筋应力，由于斜裂缝的出现而突然增大。

4）纵向钢筋拉应力的增大导致钢筋与混凝土间粘结应力的增大，有可能出现沿纵向钢筋的粘结裂缝或撕裂裂缝，如图 4-18 所示。

当荷载继续增加，斜裂缝条数增多，裂缝宽度增大，集料咬合力下降，沿纵向钢筋的混凝土保护层被撕裂，钢筋的销栓力也逐渐减弱；斜裂缝中的一条，发展成为主要斜裂缝，称为临界斜裂缝。

无腹筋梁如同拱结构，纵向钢筋成为拱的拉杆，如图 4-19 所示。破坏时，混凝土剪压区在切应力和压应力共同作用下被压碎，梁发生破坏。

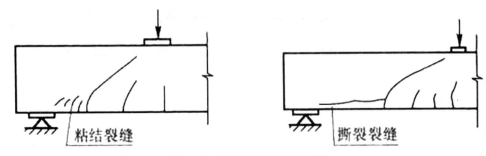

图 4-18　粘结裂缝和撕裂裂缝

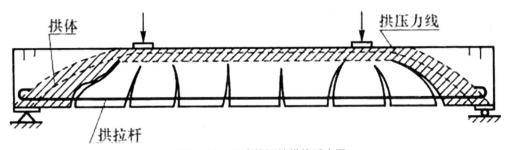

图 4-19　无腹筋梁的拱体受力图

（3）有腹筋梁的受力及破坏分析。配置箍筋可以有效提高梁的斜截面受剪承载力。箍筋最有效的布置方式是，与梁腹中的主拉应力方向一致，但为了施工方便，一般和梁轴线呈 90° 布置。

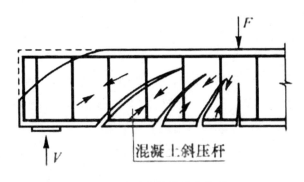

图 4-20　有腹筋梁的剪力传递

在斜裂缝出现后，箍筋应力增大。有腹筋梁，如桁架，箍筋和混凝土斜压杆分别为桁架的受拉腹杆和受压腹杆，纵向受拉钢筋成为桁架的受拉弦杆，剪压区混凝土成为桁架的受压弦杆，如图 4-20 所示。

当纵向受力钢筋在梁的端部弯起时，弯起钢筋和箍筋有相似的作用，可提高梁斜截面的抗剪承载力。

2. 影响斜截面承载力的主要因素

（1）剪跨比和跨高比。对于承受集中荷载作用的梁，剪跨比是影响其斜截面受力性能的主要因素之一。

剪跨比用 λ 表示，则集中荷载作用下的梁的某一截面的剪跨比，等于该截面的弯矩值与截面的剪力值和有效高度乘积之比。

试验表明：对于承受集中荷载的梁，随着剪跨比的增大，受剪承载力下降。

对于承受均布荷载的梁来说，构件跨度与截面高度之比 l_0/h（跨高比）是影响受剪承载力的主要因素。随着跨高比的增大，受剪承载力下降。

（2）腹筋（箍筋和弯起钢筋）配筋率。$\rho_{su} = \dfrac{nA_{su1}}{bs}$ 配筋率增大，斜截面的承载力增大。

（3）混凝土强度等级。混凝土强度对斜截面受剪承载力有着重要影响。试验表明，混凝土强度越高，受剪承载力越大。

（4）纵向钢筋配筋率。纵向钢筋受剪产生销栓力，可以限制斜裂缝的开展。梁的斜截面受剪承载力随纵向钢筋配筋率增大而提高。

（5）其他因素。

1）截面形状。试验表明，受压区翼缘的存在可提高斜截面承载力。

2）预应力。预应力能阻滞斜裂缝的出现和开展，增加混凝土剪压区的高度，从而提高混凝土所承担的抗剪能力。

3）梁的连续性。试验表明，连续梁的受剪承载力与相同条件下的简支梁相比，仅在受集中荷载时，低于简支梁。

3. 斜截面的主要破坏形态

（1）斜拉破坏。

产生条件：$\lambda > 3$ 且箍筋量少时。

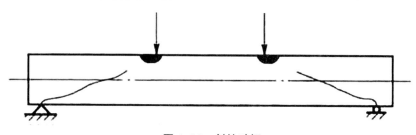

图 4-21　斜拉破坏

破坏特点：受拉边缘一旦出现斜裂缝便急速发展，与斜裂缝相交的箍筋应力立即达到屈服强度，约束作用消失，随后斜裂缝迅速延伸到梁的受压区边缘，构件裂为两部分而破坏，如图 4-21 所示。斜拉破坏过程急骤，具有很明显的脆性。构件很快破坏。

防止出现斜拉破坏的条件——最小配箍率的限制。为了避免出现斜拉破坏，构件配箍率应满足：$\rho_{su} = \dfrac{A_{su}}{bs} \geqslant \rho_{su,min} = 0.24\dfrac{f_t}{f_{yu}}$，同时应满足箍筋的最小直径、最大间距、肢数等的要求。

（2）剪压破坏。

产生条件：$1.5 \leqslant \lambda \leqslant 3$ 且箍筋量适中。

破坏特点：当荷载增加到一定值时，首先在剪弯段受拉区边缘开裂，然后向受压区延伸。破坏时，与临界斜裂缝相交的箍筋屈服，斜截面末端剪压区不断缩小，受压区混凝土随后被压碎，如图 4-22 所示。

（3）斜压破坏。

产生条件：$\lambda < 1.5$ 或箍筋多、腹板薄。

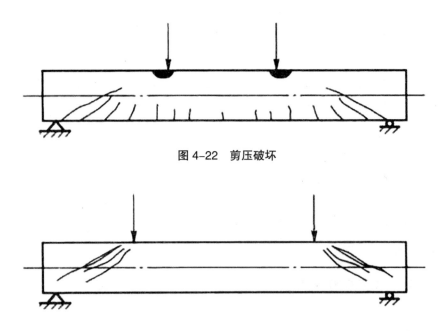

图 4-22 剪压破坏

图 4-23 斜压破坏

破坏特点：中和轴附近会出现斜裂缝，然后向支座和荷载作用点延伸，破坏时在支座与荷载作用点之间形成多条斜裂缝，斜裂缝间混凝土突然压碎，腹筋不屈服，如图 4-23 所示。

防止出现斜压破坏的条件——最小截面尺寸的限制。对矩形、T 形及 I 形截面受弯构件，其限制条件如下：

当 hw/b ≤ 4 时

V ≤ 0.25 β cfcbh0

当 hw/b ≥ 6 时

V ≤ 0.2 β cfcbh0

进行受弯构件设计时,应使斜截面破坏呈剪压破坏,避免斜拉、斜压和其他形式的破坏。

4. 基本计算公式

《混凝土结构设计规范(2015 年版)》(GB50010—2010)给出的计算公式是根据剪压破坏的受力特征建立的。在设计中,通过控制最小配箍率且限制箍筋的间距不能太大,来防止斜拉破坏,通过限制截面尺寸不能太小来,防止斜压破坏。

矩形、T 形和 I 形截面的受弯构件,当同时配有箍筋和弯起钢筋时,其斜截面受剪承载力计算公式:

$$V \leqslant V_u = 0.7 f_t b h_0 + f_{yu} \frac{A_{su}}{s} h_0 + 0.8 f_y A_{sb} \sin a_{sb} + V_p$$

式中 V——配置弯起钢筋处的剪力设计值,按《混凝土结构设计规范(2015 年版)》(GB 50010—2010)的相关规定取用;

Vp——由预加力所提高的构件受剪承载力设计值,按 Vp = 0.05Np0 计算,但计算预加力 Np0 时,不考虑弯起预应力剪的作用;

Asb、Apb——分别为同一平面内的弯起普通钢筋,弯起预应力筋的截面面积;

as,ap——分别为斜截面上弯起普通钢筋,弯起预用力筋的切线与构件纵轴线的夹角。

在《混凝土结构设计规范(2015 年版)》(GB50010—2010)中,对于集中荷载作用下(包括作用有很多种荷载,其中集中荷载对支座截面或节点边缘所产生的剪力值占总剪力值 75% 以上的情况)的矩形、T 形和 I 形截面的独立梁,其承载力计算公式采用:

$$V \leqslant V_u = \frac{1.75}{\lambda + 1} f_t b h_0 + f_{yu} \frac{A_{su}}{s} h_0 + 0.8 f_y A_{sb} \sin a_{sb}$$

式中 λ——计算截面的剪跨比,λ = a/h0。当 λ < 1.5 时,取 1.5;当 λ > 3 时,取 3。

在计算受剪承载力时,计算截面的位置按下列规定确定:

1)座边缘,因为支座边缘的剪力值是最大的;

2)受拉区弯起钢筋弯起点的截面,因为此截面的抗剪承载力不含弯起钢筋的抗剪承载力;

3)箍筋直径或间距改变处的截面,在此截面箍筋的抗剪承载有所变化;

4)截面腹板宽度改变处,在此截面混凝土项的抗剪承载力有所变化。

由于受弯构件中板受到的剪力很小,所以,一般无须依靠箍筋抗剪,当板厚不超过 150mm 时,一般不需要进行斜截面承载力计算。

第二节　钢筋混凝土受压构件

一、受压构件的构造要求

以承受纵向压力为主的构件称为受压构件。混凝土柱是土木工程结构中常见的受压构件，高层建筑中的剪力墙、屋架的受压斜杆等也属于受压构件。本节主要讲述混凝土受压柱。

混凝土受压构件按照纵向压力作用位置的不同，分为轴心受压和偏心受压两种类型，如图 4-24 所示。当纵向压力作用线与构件截面形心轴线重合称为轴心受压构件；纵向压力作用线与构件截面形心轴线不重合（或既有轴心压力，又有弯矩等作用）称为偏心受压构件。偏心受压分为单向偏心受压和双向偏心受压。

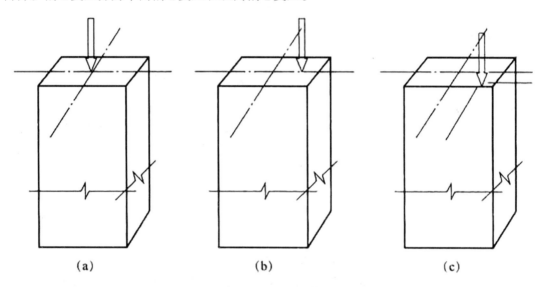

图 4-24　受压构件形式

（a）轴心受压；（b）单向偏心受压；（c）双向偏心受压

1. 材料要求及截面尺寸

（1）混凝土。受压构件的承载力主要取决于混凝土，因此，采用较高强度等级的混凝土是经济合理的。一般柱的混凝土强度等级采用 C30 ~ C40，对多层及高层建筑结构的下层柱，必要时可采用更高强度等级。

（2）钢筋。受压构件的纵向受力钢筋，采用高强度钢筋不能充分发挥作用，因而宜采用 HRB400 和 HRB335 级钢筋。箍筋一般采用 HPB300 和 HRB335 级钢筋。

轴心受压柱的纵向受力钢筋应沿截面四周均匀对称布置，偏心受压柱的纵向受力钢筋放置在弯矩作用方向的两对边，圆柱中纵向受力钢筋宜沿周边均匀布置。

（3）截面形式及尺寸。为了充分利用材料强度，使构件的承载力不致因长细比过大而降低过多，柱截面尺寸不宜过小，一般应控制在 l0/b ≤ 30 及 l0/h ≤ 25（b 为矩形截面的短边，h 为长边）。

轴心受压构件多采用正方形截面，偏心受压多采用矩形截面。柱截面尺寸不宜小于250mm。为了避免长细比太大而过多降低构件承载力，构件长细比 ≤ 30。当截面尺寸小于等于800mm 时，以50mm 为模数；当截面尺寸大于800mm 时，以100mm 为模数。

2. 纵向受力钢筋及箍筋

（1）直径、根数。纵向受力钢筋直径 d 不宜小于12mm，通常采用 12 ~ 32mm。为保证骨架的刚度，矩形截面纵筋根数不应少于4根；圆形截面纵筋根数不应少于6根，不宜少于8根，并宜沿周边均匀布置。

（2）纵筋布置。轴心受压构件的纵向钢筋应沿柱截面周边均匀布置；偏心受压构件纵向受力钢筋应布置在偏心方向的两侧，通常沿柱的短边方向设置。圆形截面纵向钢筋应沿截面周边均匀布置。

（3）纵筋间距及保护层。当柱为竖向浇筑混凝土时，纵向受力钢筋的净距不应小于50mm，且不宜大于300mm；对水平浇筑的预制柱，其纵向钢筋的最小净距，应按梁的规定取值。混凝土保护层最小厚度应不小于30mm 或纵筋直径 d。

（4）配筋率。为使纵向受力钢筋起到提高受压构件截面承载力的作用，全部纵筋的配筋率不小于0.5%，同时，一侧钢筋的配筋率不应小于0.2%。当温度、收缩等因素对结构产生较大影响时，构件的最小配筋率应适当增加。当混凝土等级为C60 及以上时，受压构件全部纵向钢筋最小配筋率增加0.1。

（5）纵向构造钢筋。当矩形截面偏心受压构件的截面高度 h ≥ 600mm 时，应在两个侧面设置直径为10~16mm 的纵向构造钢筋，以防止构件因温度和混凝土收缩应力而产生裂缝，并相应地设置复合箍筋或拉筋。

（6）箍筋。箍筋应采用封闭式，末端应做成135° 弯钩，弯钩平直段长度不小于箍筋直径的5 倍。

箍筋直径不应小于6mm，且不应小于 dmax/4（dmax 为纵筋的最大直径）。

箍筋间距不应大于构件截面短边尺寸及400mm，且不应大于15dmin（dmin 为纵筋的最小直径）。

当柱中全部纵向受力钢筋的配筋率超过3% 时以及对于抗震结构，箍筋直径不应小于8mm，间距不应大于纵向受力钢筋最小直径的10 倍，且不应大于200mm。

当柱截面短边大于400mm，且各边纵筋配置根数多于3 根时，或当柱截面短边不大于400mm，但各边纵筋配置根数多于4 根时，应设置复合箍筋，如图 4-25 所示，以防止中间钢筋被压屈。

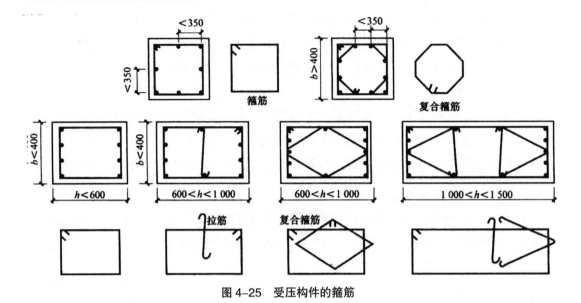

图 4-25　受压构件的箍筋

对于截面形状复杂的构件，不应采用具有内折角的箍筋，如图 4-26 所示。

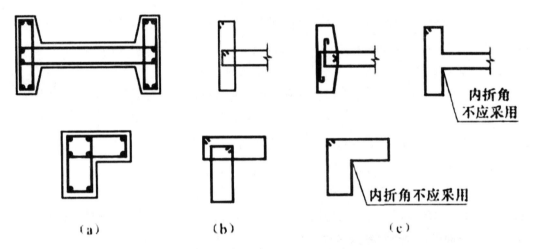

图 4-26　复杂截面的箍筋形式

（a）截面配筋；（b）分离式箍筋；（c）带内折角箍筋（不应采用）

二、轴心受压构件承载力计算的一般规定

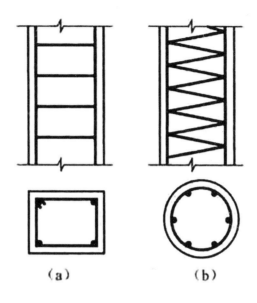

图 4-27　轴心受压柱

（a）普通箍筋柱；（b）螺旋式箍筋柱

　　轴心受压构件根据配筋方式的不同，可分为两种：①配有纵向钢筋和普通箍筋的柱，称为普通箍筋柱，如图 4-27（a）所示；②配有纵向钢筋和螺旋式箍筋的柱，如图 4-27（b）所示，称为螺旋式箍筋柱。

　　在配置普通箍筋的轴心受压构件中，箍筋和纵筋形成骨架，防止纵筋在混凝土压缩之前，在较大程度上向外压曲，从而保证纵筋能与混凝土共同受力直到构件破坏。

　　在配置螺旋式箍筋的轴心受压构件中，间距较密的螺旋式箍筋能对核心混凝土形成较强的环向被动约束，从而能进一步提高构件的承载力和受压延性。

　　通常，由于施工制造的误差、荷载作用位置的不确定性、混凝土质量的不均匀性等原因，往往存在一定的初始偏心距。

　　但有些构件，如以恒载为主的等跨多层房屋的内柱、桁架中的受压腹杆等，主要承受轴向压力，可近似按轴心受压构件计算。

1. 轴心受压柱的破坏特征

　　根据构件长细比（构件的计算长度 l0 与构件截面回转半径 i 之比）的不同，轴心受压构件可分为短柱（对矩形截面 l0/b ≤ 8，b 为截面宽度）和长柱。

　　（1）短柱的破坏特征。钢筋混凝土短柱经试验表明：在整个加载过程中，由于纵向钢筋与混凝土粘结在一起，两者变形相同，当混凝土的压应变达到混凝土棱柱体的极限压应变 $\varepsilon_{cu} = \varepsilon_0 = 0.002$ 时，构件处于承载力极限状态，稍再增加荷载，柱四周就会出现

明显的纵向裂缝，箍筋间的纵筋向外凸出，最后中部混凝土被压碎而宣告破坏，如图 4-28 所示。因此，在轴心受压短柱中钢筋的最大压应变为 0.002，对抗压强度高于 $400N/mm^2$ 的钢筋，只能取 $400N/mm^2$，不宜采用高强度钢筋。

（2）长柱的破坏特征。对于长柱，由于轴向压力的可能初始偏心和附加弯矩，故长柱的承载能力比短柱低，如图 4-29 所示。采用稳定系数，来反映承载力随长细比的增大而降低。

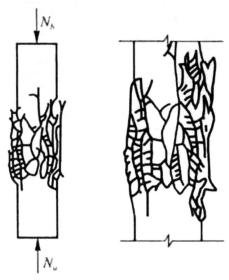

图 4-28　轴心受压短柱的破坏形态图

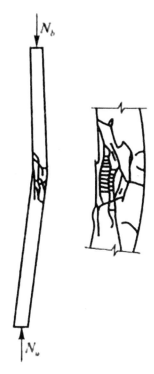

图 4-29　轴心受压长柱的破坏形态图

　　试验证明：长柱的破坏荷载低于相同条件下短柱的破坏荷载。《混凝土结构设计规范（2015 年版）》（GB50010—2010）采用一个降低系数 φ 来反映这种承载力随长细比增大而降低的现象，称之为稳定系数。稳定系数 φ 的大小与构件的长细比有关。轴心受压构件稳定系数 φ 的数值，见表 4-8。

表 4-8　钢筋混凝土轴心受压构件的稳定系数 φ

l_0/b	≤ 8	10	12	14	16	18	20	22	24	26	28
l_0/b	≤ 7	8.5	10.5	12	14	15.5	17	19	21	22.5	24
l_0/b	≤ 28	35	42	48	55	62	69	76	83	90	97
φ	1.00	0.98	0.95	0.92	0.87	0.81	0.75	0.70	0.65	0.60	0.56
l_0/b	30	32	34	36	38	40	42	44	46	48	50
l_0/b	26	28	29.5	31	33	34.5	36.5	38	40	41.5	43
l_0/b	104	111	118	125	132	139	146	153	160	167	174
φ	0.52	0.48	0.44	0.40	0.36	0.32	0.29	0.23	0.23	0.21	0.19

注：$1.l_0$ 为构件的计算长度，对钢筋混凝土柱可按《混凝土结构设计规范（2015 年版）》（GB50010—2010）的相关规定取用。

　　2.b 为矩形截面的短边尺寸，d 为圆形截面的直径，i 为截面的最小回归半圆。

　　对于一般多层房屋中的框架结构各层柱段，其计算长度 l_0，按表 4-9 的规定取用。

表 4-9 框架结构各层柱段的计算长度

楼盖类型	柱的类别	计算长度 l0
现浇楼盖	底层柱	1.0H
	其余各层柱	1.25H
装配式楼盖	底层柱	1.25H
	其余各层柱	1.5H

注：表中 H 对底层柱为从基础顶面到一层楼盖顶面的高度；对其余各层柱为上、下两层楼盖顶面之间的高度。

2. 轴心受压构件正截面承载力计算公式

钢筋混凝土轴心受压柱的正截面承载力由混凝土承载力及钢筋承载力两部分组成，如图 4-30 所示。根据力的平衡条件得短柱和长柱统一的承载力计算公式为：

$N \leqslant N_u$

$N \leqslant 0.9\varphi N_u^s = 0.9\varphi(f_c A + f'_y A'_s)$

式中   N——轴向压力设计值；

φ——钢筋混凝土构件的稳定系数；

fc——混凝土轴心抗压强度设计值；

f′y——纵向钢筋抗压强度设计值；

A′s——全部纵向钢筋的截面面积；

A——构件截面面积，当纵向受压钢筋配筋率 ρ′ > 3%，A 应改用 Ac = A − A′s。

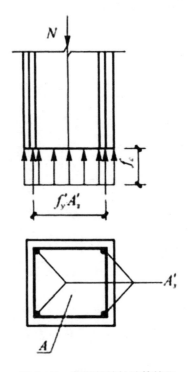

图 4-30 普通箍筋柱计算简图

3.轴心受压构件正截面承载力计算方法

已知轴向力设计值 N、柱的截面 A、材料强度、柱的计算长度（或实际长度），求纵向钢筋截面面积 A′s。

第三节　预应力混凝土构件

一、预应力混凝土材料性能要求

1.预应力混凝土的概念

在正常使用条件下，普通钢筋混凝土结构受弯构件的受拉区极易出现开裂现象，使构件处于带裂缝工作阶段。为保证结构的耐久性，裂缝宽度一般应限制在 0.2 ~ 0.3mm 以内，此时，钢筋应力仅为 150 ~ 250N/mm^2，当应力达到较高值时，构件裂缝宽度将过大而无法满足使用要求，因此，在普通钢筋混凝土结构中不能充分发挥高强度钢筋的作用，相应的也不可能充分发挥高强度等级混凝土的作用。对于高湿度及侵蚀性环境中的构件，为了满足变形和裂缝控制的要求，则需增加构件的截面尺寸和用钢量，这既不经济，也不合理，因为构件的自重也增加了。

预应力混凝土是改善构件抗裂性能的有效途径。在混凝土构件承受外荷载之前对其受拉区预先施加压应力，就成为预应力混凝土结构。预压应力可以部分或全部抵消外荷载产生的拉应力，因而可推迟甚至避免裂缝的出现。

预加应力的概念和方法在日常生活中的应用是常见的。如，木桶是用环向竹箍对桶壁预先施加环向压应力，当桶中盛水后，水压引起的环向拉应力小于预加压应力时，桶就不会漏水，如图 4-31 所示。又如，当从书架上取下一叠书时，由于受到双手施加的压力，这一叠书就如同一横梁，可以承担全部书的重量，如图 4-32 所示。这类采用预加应力的例子在生活中还能举出很多。

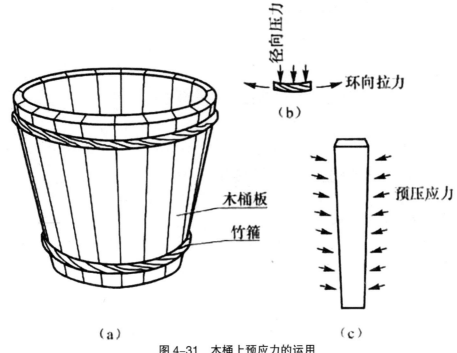

图 4-31　木桶上预应力的运用

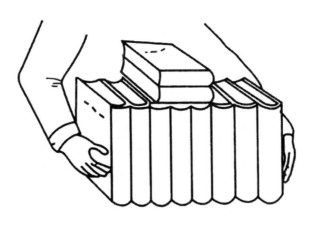

图 4-32　双手捧书的运用

现以预应力混凝土简支梁为例，说明预应力的基本原理。

如图 4-33 所示简支梁，在荷载作用之前，预先在梁的受拉区施加一对大小相等、方向相反的偏心预压力 N，使梁截面下边缘混凝土产生压应力；在外荷载作用下，梁截面的下边缘纤维产生拉应力；在预应力和外荷载共同作用下，梁截面下边缘纤维的应力状态应是两者的叠加，可能是压应力，也可能是较小的拉应力。从图 4-33 中可见，预应力的作用可部分或全部抵消外荷载产生的拉应力，从而提高结构的抗裂性。对于在使用荷载下出现裂缝的构件，预应力也会起到减小裂缝宽度的作用。

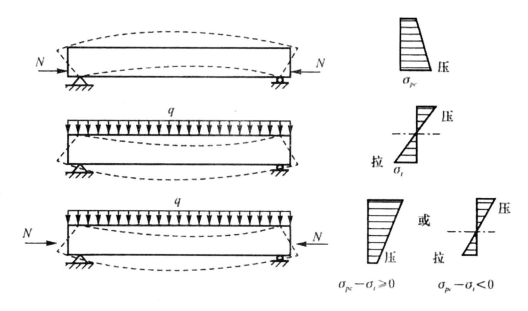

$\sigma_{pc} - \sigma_t \geq 0 \qquad \sigma_{pc} - \sigma_t < 0$

图 4-33　预应力混凝土的工作原理

2. 预应力混凝土具有的特点

与普通混凝土相比，预应力混凝土具有以下特点：

（1）提高了构件的抗裂性能，使构件不出现裂缝或减小了裂缝宽度，扩大了钢筋混凝土构件的应用范围。

（2）增加了构件的刚度，延迟了裂缝的出现和开展，减小了构件的变形。由于预应力能使构件不出现裂缝或减小裂缝宽度，从而减少了外界环境对钢筋的侵蚀，可提高构件的耐久性，延长构件使用年限。

（3）减轻构件自重。由于采用高强度材料，故构件截面尺寸相应减小，自重减轻。

（4）节省材料。预应力混凝土能充分发挥高强度钢筋和高强度混凝土的性能，减少钢筋用量和混凝土的用量。

（5）工序较多，施工较复杂，且需要专门的材料、设备和特殊的工艺，造价较高。

3. 预应力钢筋的种类

（1）热处理钢筋。将合金钢（40Si2Mn、48S12Mn、45Si2Cr）经过调质热处理而成，以提高抗拉强度（fpy = 1040N/mm²），改善塑性性能。用 φHT 表示。这种钢筋具有强度高、松弛小的特点，其直径为 6~10mm，以盘圆形式供给，省去焊接，有利施工。

（2）消除应力钢丝。包括：光圆（φP）、螺旋肋（φH）、三面刻痕（φI）消除应力钢丝，是用高碳镇静钢轧制成的圆盘，经过加温、淬火（铅浴）、酸洗、冷拔、回火矫直等处理工序来消除应力，钢丝直径为 4~9mm，具有强度高（光圆钢丝 fpy = 1250N/

mm^2，其余 fpy $\geq$ 1110N/mm^2）、松弛小的特点。

（3）钢绞线。以一根直径较粗的钢丝为芯，并用边丝围绕其进行螺旋状绞捻而成，有 1×3 捻或 1×7 捻，直径用 φS 表示，外径为 8.6 ~ 15.2mm，fpy = 1110 ~ 1320N/mm^2，其特点是强度高、低松弛、伸直性好、比较柔软、盘弯方便、粘结性好。

（4）冷拉低合金钢和冷拔低碳钢丝。这两种钢筋由于强度低，而我国近年来强度高、性能好的钢丝、钢绞线已可满足供应，因而未列入《混凝土结构设计规范》（GB50010）。

4. 混凝土的选用

（1）高强度。预应力混凝土在制作阶段受拉区混凝土一直处于高压应力状态，受压区可能拉也可能压，特别是受压区混凝土受拉时，最容易开裂，这将影响在使用阶段受压区的性能；另外可以有效减少截面尺寸，减轻自重。

（2）收缩小、徐变小。由于混凝土收缩、徐变的结果，使得混凝土得到的有效预压力减少，即预应力损失，所以，在结构设计中，应采取措施减少混凝土收缩、徐变。

（3）快硬、早强可及早施加预应力，提高张拉设备的周转率，加快施工速度。

《混凝土结构设计规范（2015 年版）》（GB50010—2010）规定：预应力混凝土结构强度等级不宜低于 C40，且不应低于 C30。

二、施加预应力的方法

对混凝土施加预应力，一般是通过张拉预应力钢筋，被张拉的钢筋反向作用，同时挤压混凝土，使混凝土受到压应力。张拉预应力钢筋的方法主要有先张法和后张法两种。

1. 先张法

先张法是首先在台座上或钢模内张拉钢筋，然后浇筑混凝土的一种预应力混凝土构件施工方法。其设备与张拉施工工序，如图 4-34 所示。将预应力钢筋一端用夹具固定在台座的钢梁上，另一端通过张拉夹具、测力器与张拉机械相连。当张拉到规定控制应力后，在张拉端用夹具将预应力钢筋固定，浇筑混凝土。当混凝土达到一定强度后，切断或放松预应力钢筋，由于预应力钢筋与混凝土间的粘结作用，使混凝土受到预压应力。

先张法主要适用于大批量生产以钢丝或 d < 16mm 钢筋配筋的中、小型构件，如常见的预应力混凝土楼板、水管、电杆等。

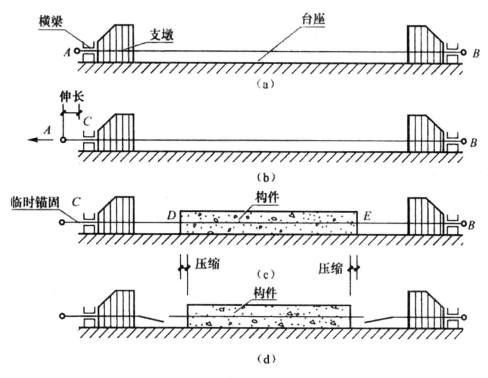

图 4-34 先张法构件制作

2. 后张法

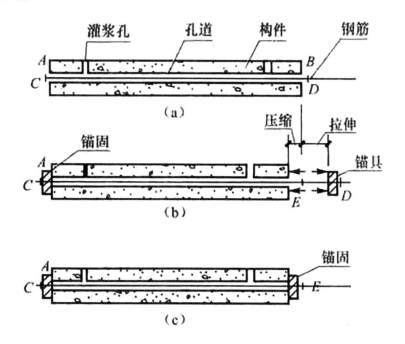

图 4-35 后张法构件制作

后张法是指先浇筑混凝土构件，然后直接在构件上张拉预应力钢筋的一种施工方法。其主要施工工序，如图 4-35 所示。浇筑混凝土构件时，预先在构件中留出孔道，当混凝土达到规定强度后、将预应力钢筋穿入孔道，用锚具将预应力钢筋锚固在构件的端部，在构件另一端用张拉机具张拉预应力钢筋，在张拉预应力钢筋的同时，构件受到预压应力。当达到规定的张拉控制应力值时，将张拉端的预应力钢筋锚固。对有粘结预应力混凝土，在构件孔道中压力灌入填充材料（如水泥砂浆），使预应力钢筋与构件形成整体。

后张法的特点是：不需要台座，可预制，也可以现场施工；需要对预应力钢筋逐个进行张拉，锚具用量较多，又不能重复使用，且施工较费工费时，因此成本较高。

两种方法比较而言，先张法的施工工艺简单、工序少、效率高、质量容易保证，适用于批量生产的中小型构件，如楼板、屋面板等；后张法是在构件上张拉预应力钢筋，不需要台座，便于现场制作受力较大的大型构件，但留设孔道和压力灌浆等工序复杂，构件两端需设有特制的永久型锚具，造价较高，适用于现场大中型预应力构件的施工。

三、预应力混凝土构件的构造要求

1. 预应力混凝土构件的截面形式和尺寸

同钢筋混凝土受弯构件一样，预应力构件的截面形式常为矩形、T 形，I 形和箱形等，应根据构件的受力特点进行合理选择。对于轴心受拉构件，通常采用正方形或矩形截面。对于受弯构件，除荷载和跨度均较小的梁、板可采用矩形截面外，其余宜采用 T 形、I 形、箱形或其他截面核心范围较大的截面形式，使它们不论在施工阶段或使用阶段，抗裂性能均较好。受弯构件的截面形式沿构件纵轴是可以变化的，如跨中为 I 形，而在近支座处为了承受较大的剪力并有足够的地方布置锚具，往往做成矩形。

2. 纵向钢筋的布置

（1）预应力钢筋的布置。先张法预应力钢筋（包括预应力螺纹钢筋、钢丝和钢绞线）之间的净距应根据浇筑混凝土、施加预应力及钢筋锚固等要求确定。预应力钢筋的净距不宜小于其公称直径的 2.5 倍和混凝土粗集料最大粒径的 1.25 倍，且应符合下列规定：

1）预应力钢丝不应小于 15mm。

2）3 股钢绞线不应小于 20mm。

3）7 股钢绞线不应小于 25mm。

4）当混凝土振捣密实性具有可靠保证时，净间距可放宽为最大粗集料粒径的 1.0 倍。

后张法构件的预留孔道，预应力钢丝束（包括钢绞线）的预留孔道之间的水平净距不宜小于 50mm，且不宜小于粗集料粒径的 1.25 倍；孔道至构件边缘的净距不宜小于 30mm，且不宜小于孔道直径的 1/2。在现浇梁中，曲线预留孔道在竖直方向的净距不应小于孔道外径，水平方向的净距不应小于 1.5 倍钢丝束的外径，且不宜小于粗集料粒径的 1.25

倍；从孔道壁至构件边缘的净间距，梁底不宜小于 50mm，梁侧不宜小于 40mm，裂缝控制等级为三级的梁，梁底、梁侧分别不宜小于 60mm 和 50mm。预留孔道的内径宜比预应力束外径及需穿过孔道的连接器外径大 6 ~ 15mm，且孔道的截面面积宜为穿入预应力束截面面积的 3.0 ~ 4.0 倍。

后张法预应力混凝土构件中曲线预应力钢筋的曲率半径不宜小于 4m，对折线配筋的构件，在折线预应力钢筋弯折处的曲率半径可适当减少。

（2）非预应力钢筋的设置。非预应力钢筋的设置可以防止构件在制作、运输和安装阶段，预拉区出现裂缝或减小裂缝宽度。预拉区纵向非预应力钢筋的直径不宜大于 14mm，并应沿构件预拉区的外边缘均匀配置。设计中，当仅对受拉区部分钢筋施加预应力已能使构件符合抗裂和裂缝宽度要求时，则承载力计算所需的其余受拉钢筋，允许采用非预应力钢筋。

3. 预拉区纵向钢筋的配筋要求

施工阶段预拉区允许出拉应力的构件，要求预拉区纵向钢筋的配筋率大于等于 0.15%。

4. 先张法构件的构造要求

（1）钢筋（丝）间距。先张法预应力钢筋直径的净距应根据浇筑混凝土、施加预应力及钢筋锚固等要求确定。预应力钢筋之间的净间距不宜小于其公称直径的 2.5 倍和混凝土粗集料最大粒径的 1.25 倍，且应符合下列规定：预应力钢丝，不应小于 15mm；三股钢绞线，不应小于 20mm；七股钢绞线，不应小于 25mm。

（2）端部附加钢筋。先张预应力混凝土构件，预应力钢筋端部周围的混凝土应采用下列加强措施：

1）对单根预应力钢筋，其端部宜设置长度不小于 150mm 且不少于 4 圈的螺旋套箍，如图 4-36（a）所示。

2）当有可靠经验时，也可利用支座垫板上的插筋代替螺旋筋，但插筋数量不应少于 4 根，其长度不宜小于 120mm，如图 4-36（b）所示。

3）对分散布置的多根预应力筋，在构件端部 10d（d 为预应力筋的公称直径）且不小于 100mm 长度范围内，宜设置 3 ~ 5 片与预应力筋垂直的钢筋网片，如图 4-36（c）所示。

4）对用预应力钢丝或热处理钢筋配置的预应力混凝土薄板，在板端 100mm 范围内应适当加密横向钢筋，如图 4-36（d）所示。

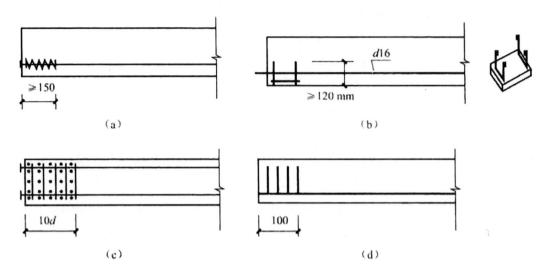

图 4-36　构件端部配筋构造要求

（a）设置螺旋筋；（b）设置插筋；（c）设置钢筋网；（d）加密横向钢筋

5.后张法构件的构造要求

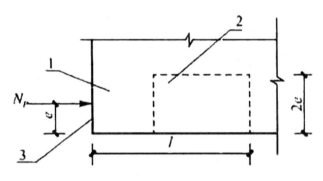

图 4-37　防止沿孔道劈裂的配筋范围

（1）采用普通垫板时，后张法预应力混凝土构件的端部锚固区应配置间接钢筋，如图 4-37 所示，并应按局部受压承载力进行计算，其体积配筋率不应小于 0.5%。

（2）当构件在端部有局部凹进时，应增设折线构造钢筋。

（3）宜在构件端部将一部分预应力钢筋在靠近支座处弯起，并使预应力钢筋沿构件端部均匀布置。

（4）后张预应力混凝土外露金属锚具，应采取可靠的防腐及防火措施。

第五章　钢结构基础知识

第一节　钢结构材料

一、钢结构所用钢材的要求

钢结构的原材料是钢材，钢材的种类繁多，性能差别很大，符合钢结构性能要求的钢材只有碳素钢及合金钢中的少数几种。用作钢结构的钢材必须具有以下性能：

1. 较高的强度

较高的强度即抗拉强度 f_u 和屈服点 f_y 比较高。屈服点高可以减小结构构件截面尺寸，从而减轻结构自重，节约钢材和降低造价。抗拉强度高可以使结构或构件具有更高的安全储备。

2. 足够的变形能力

足够的变形能力即塑性和韧性性能好。塑性好则结构或构件破坏前变形明显，从而具有预告性，可避免发生突然的脆性破坏的危险性，另外，还能通过较大的塑性变形调整局部高峰应力，使各截面应力趋于平缓。韧性好表示在动荷载作用下破坏时，要吸收比较多的能量，同样也降低脆性破坏的危险程度。

3. 良好的加工性能

良好的加工性能即适合冷、热加工，同时具有良好的可焊性。良好的加工性能不但要易于加工成各种形式的结构，而且不致因材料加工因素对结构的强度、塑性及韧性带来不利影响。

二、钢种、钢号及钢材的选择

1. 钢种与钢号

钢结构所用的钢材有不同的种类，每个种类中又有不同的牌号，简称钢种与钢号。

在钢结构中采用的钢材主要有两个种类，即碳素结构钢和低合金结构钢。后者因含有锰、钒等合金元素而具有较高的强度。下面分别讲述各种牌号的碳素结构钢和低合金结构钢：

（1）碳素结构钢。碳素结构钢的牌号（简称钢号）有 Q195、Q215A 及 Q215B，Q235A、Q235B、Q235C 及 Q235D，Q255A 及 Q255B 以及 Q275。其中的 Q 是屈服强度中屈字汉语拼音的字首，后接的阿拉伯字表示以 N/mm² 为单位屈服强度的大小，A、B、C 或 D 等表示按质量划分的级别。最后还有一个表示脱氧方法的符号如 F 或 b。从 Q195 到 Q275，是按强度由低到高排列的；钢材强度主要由其中碳元素含量的多少来决定，但与其他某些元素及其含量也有关系，所以，钢号的高低在较大程度上代表了含碳量的高低。

Q195 及 Q215 的强度比较低，而 Q255 的含碳量上限和 Q275 的含碳量都超出低碳钢的范围，所以，建筑结构在碳素结构钢这一钢种中主要应用 Q235 这一钢号。

钢号中质量分级由 A 到 D，表示质量的由低到高。质量高低主要是以对冲击韧性（夏比 V 型缺口试验）的要求区分的，对冷弯试验的要求也有所区别。对 A 级钢，冲击韧性不作要求，对冷弯试验只在需方有要求时才进行。而 B、C、D 各级则都要求冲击韧性值 AkV 不小于 27J，不过三者的试验温度有所不同，B 级要求常温（20℃）冲击值，C 和 D 级则分别要求 0℃和－20℃冲击值。B、C、D 级也都要求冷弯试验合格。为了满足以上性能要求，不同等级的 Q235 钢的化学元素含量略有区别。对 C 级和 D 级钢要求锰含量较高以改进韧性，同时降低其含碳量的上限，以保证可焊性，另外，对硫、磷含量的控制更严，以保证质量。

前面已经讲到，在浇筑过程中由于脱氧程度的不同钢材有镇静钢、半镇静钢与沸腾钢之分。用汉语拼音字首表示，符号分别为 Z、b、F。另外，还有用铝补充脱氧的特殊镇静钢，用 TZ 表示。按国家标准规定，符号 Z 和 TZ 在表示牌号时予以省略。对 Q235 钢来说，A、B 两级的脱氧方法可以是 Z、b 或 F，C 级只能是 Z，D 级只能是 TZ。

（2）低合金高强度结构钢。低合金高强度结构钢是在钢的冶炼过程中添加少量合金元素（合金元素的总量低于 5%），以提高钢材的强度、耐腐蚀性及低温冲击韧性等。低合金高强度结构钢均为镇静钢或特殊镇静钢，所以它的牌号只有 Q、屈服点数值、质量等级三部分。屈服点数值（以 N/mm² 为单位）分为：295、345、390、420、460。质量等级有 A 到 E 五个级别。A 级无冲击功要求，B、C、D、E 级均有冲击功要求。不同质量等级对碳、硫、磷、铝等含量的要求也有区别。低合金高强度结构钢的 A、B 级属于镇静钢，C、D、E 级属于特殊镇静钢。例如，Q345E 代表屈服点为 345N/mm² 的 E 级低合金高强度结构钢。

2. 钢材的选择

为保证结构安全可靠、经济合理，钢材选用中需考虑下列主要因素：

（1）结构的重要性。结构安全等级不同，所选钢材的质量也应不同，钢材的保证项目也应有所区别。

（2）荷载特征。结构所受荷载可分为静力荷载和动力荷载两种。承受动力荷载的构件如吊车梁还有重、中、轻级工作制的区别，因此，应针对荷载特征选用不同的钢材和不同的保证项目。

（3）连接方法。对焊接结构，应选用可焊性较好的钢材。

（4）工作条件。结构工作环境的温度当处于低温时钢材易产生低温冷脆，当处于腐蚀性介质环境时易引起钢材锈蚀，故在选材时应采用相应质量的钢材。《钢结构设计规范》（GB 50017—2003）规定，承重结构的钢材宜采用 Q235 钢、Q345 钢、Q390 钢和 Q420 钢。承重结构采用的钢材应具有抗拉强度、伸长率、屈服强度和硫、磷含量的合格保证，对焊接结构还应具有碳含量的合格保证。焊接承重结构以及重要的非焊接承重结构采用的钢材，还应具有冷弯试验的合格保证。

3. 钢材的品种及规格

钢结构采用的型材有热轧成型的钢板、型钢以及冷弯（或冷压）成型的薄壁型材。

（1）热轧钢板。热轧钢板分为厚板、薄板和扁钢。厚板厚度为 4.5~60 mm，宽度为 0.7~3m，长度为 4~12m；薄板厚度为 0.35~4 mm，宽度为 0.5~1.5m，长度为 0.5~4m；扁钢厚度为 4~60 mm，宽度为 30~200 mm，长度为 3~9m。钢板用符号"—"后加"厚 × 宽 × 长"（单位为 mm）的方法表示，如"—12×600×2100"。

（2）热轧型钢。热轧型钢有角钢、工字钢、槽钢、H 型钢、剖分 T 型钢、钢管（图 5-1）。

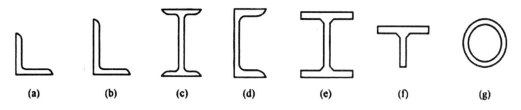

图 5-1　热轧型钢截面

（a）（b）角钢；（c）工字钢；（d）槽钢；（e）H 型钢；（f）部分 T 型钢；（g）钢管

角钢有等边和不等边两种。等边角钢以符号"∟"后加"边宽 × 厚度"（单位为 mm）表示，如"∟ 100×10"表示肢宽 100 mm、厚 10 mm 的等边角钢。不等边角钢则以符号"∟"后加"长边宽 × 短边宽 × 厚度"表示，如"∟ 100×75×6"等。我国目前生产的等边角钢，其肢宽为 20~200 mm，不等边角钢的肢宽为 25 mm×16 mm ~ 200 mm×125 mm。槽钢有热轧普通槽钢与热轧轻型槽钢。普通槽钢以符号"["后加截面高度（单位为 cm）表示，并以 a、b、c 区分同一截面高度的不同腹板厚度，如"[20a"指槽钢截面高度为 30cm 且腹板厚度为最薄的一种。轻型槽钢以符号"Q["后加截面高度（单位为 cm）表示，如"Q[25"。同普通槽钢相比，轻型槽钢腹板较薄，翼缘较宽且薄。

工字钢分普通工字钢和轻型工字钢。普通工字钢以符号"Ⅰ"后加截面高度（单位为 cm）表示，如"Ⅰ16"；轻型工字钢以符号"QⅠ"后加截面高度（单位为 cm）表示，如"QⅠ25"。我国生产的普通工字钢规格有 10 ~ 63 号。工程中不宜使用工字钢。

钢管有无缝及焊接两种。钢管以符号"ϕ"后面加"外径（mm）× 厚度（mm）"表示，如"$\phi\,400\times6$"，即外径为 400 mm、厚度为 6 mm 的钢管。

（3）冷弯薄壁型材。冷弯薄壁型材是由薄钢板经冷弯或模压而成型的（图 5-2）。其中图 5-2（a）~（i）称为冷弯薄壁型钢，主要用于跨度小、荷载轻的轻型钢结构；图 5-2（j）称为压型钢板，其加工和安装已做到标准化、工厂化、装配化，主要用于围护结构、屋面、楼板等。

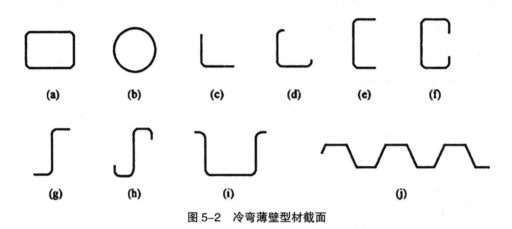

图 5-2　冷弯薄壁型材截面

第二节　钢结构的连接

钢结构是由钢板、梁、柱等通过必要的连接组成基本构件，各构件再通过装配连接而形成的整体结构。在受力过程中，连接部位应有足够的强度、刚度及延性。被连接构件间应保持正确的相对位置，以满足传力和使用要求。因此，选定合适的连接方案和节点构造，是钢结构设计的一个很重要的环节。

一、钢结构的连接方法

钢结构的连接方法可分为焊缝连接、螺栓连接和铆钉连接三种（图 5-3）。

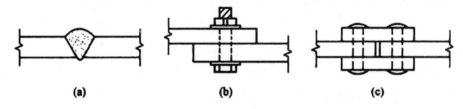

图 5-3　钢结构的连接方法

（a）焊缝连接；（b）螺栓连接；（c）铆钉连接

1. 焊缝连接

焊缝连接是通过电弧产生的热量使焊条和焊件局部融化，经冷却凝结形成焊缝，从而将焊件连成一体。其优点是构造简单，不削弱构件截面，节约钢材，制作加工方便，易于采用自动化操作，连接的密封性好，刚度大。缺点是焊接残余应力和残余变形对结构有不利影响；焊接结构的低温冷脆问题比较突出。除少数直接承受动载结构的某些连接，如重级工作制吊车梁和柱及制动梁的相互连接、桁架式桥梁的节点连接，不宜采用焊接外，其他情况下的连接均可采用焊接方式。

2. 螺栓连接

螺栓连接分为普通螺栓连接和高强度螺栓连接两种。

（1）普通螺栓连接。普通螺栓连接的优点是施工简单、拆装方便；缺点是用钢量多。其适用于安装连接和需要经常拆装的结构。普通螺栓连接分为A、B、C三级。A级与B级为精制螺栓，C级为粗制螺栓。C级螺栓材料性能等级为4.6级或4.8级。小数点前数字表示螺栓的抗拉强度不小于$400N/mm^2$，小数点及小数点以后数字表示其屈强比（屈服点与抗拉强度之比）为0.6或0.8。A级和B级螺栓材料性能等级则为5.6级和8.8级，其抗拉强度分别不小于$500N/mm^2$和$800N/mm^2$，屈强比分别为0.6和0.8。

（2）高强度螺栓连接。高强度螺栓的连接分为两种类型：一种是只依靠摩擦阻力传力，并以剪力不超过接触面摩擦力作为设计准则，称为摩擦型连接；另一种是允许接触面滑移，以连接达到破坏的极限承载力作为设计准则，称为承压型连接。

3. 铆钉连接

铆钉连接是将铆钉加热后，插入构件的钉孔中，用铆钉枪制作封闭钉头。随后钉杆由高温逐渐冷却而发生收缩，将被连接的钢板压紧。优点是塑性和韧性较好，传力可靠，质量易于检查，适用于直接承受动载结构的连接；缺点是构造复杂，费钢费工，目前已很少采用。

二、焊缝连接

1. 焊接原理

钢结构常用的焊接方法是电弧焊。包括手工电弧焊、自动或半自动埋弧焊及气体保护焊等。

（1）手工电弧焊。手工电弧焊的原理，如图5-4所示。

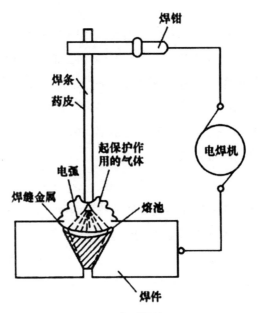

图 5-4　手工电弧焊的原理

通电引弧后，在涂有焊药的焊条端和焊件间的间隙中产生电弧，使焊条熔化，熔滴滴入被电弧吹成的焊件溶池中，同时焊药燃烧，在熔池周围形成保护气体；稍冷后，在焊缝熔化金属的表面又形成熔渣，隔绝熔池中的液体金属和空气中的氧、氮等气体的接触，避免形成脆性易裂的化合物。焊缝金属冷却后就与焊件熔成一体（图 5-5）。

手工焊常用的焊条有碳钢焊条和低合金钢焊条。其牌号为 E43、E50 和 E55 型等。其中 E 表示焊条，两位数字表示焊条熔敷金属抗拉强度的最小值。手工焊采用的焊条应符合国家相关标准的规定，焊条的选用应与主体金属相匹配。一般情况下，对 Q235 钢采用 E43 型焊条，对 Q345 钢采用 E50 型焊条，对 Q390 和 Q420 钢采用 E55 型焊条。当不同强度的两种钢材进行连接时，宜采用与低强度钢材相适应的焊条。手工焊是钢结构中最常用的焊接方法，具有设备简单、通用性强的优点，特别是短焊缝或曲折焊缝焊接时，或在施工现场进行高空焊接时，只能采用手工焊接。但其生产效率低，劳动强度大，焊缝质量的波动较大。

（2）自动或半自动埋弧焊。自动或半自动埋弧焊的原理，如图 5-6 所示。

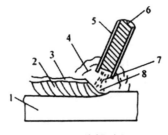

图 5-5　施焊过程

1—主体金属；2—焊缝金属；3—熔渣；4—保护气体；5—药皮；6—焊丝；7—电弧；8—熔池

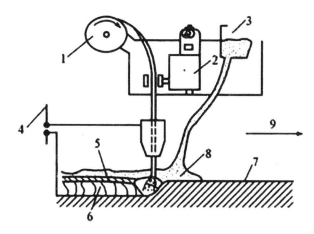

图 5-6　自动或半自动埋弧焊的原理
1—焊丝转盘；2—电动机；3—焊剂漏斗；4—电源；5—熔化的焊剂；6—焊缝金属；7—焊件；8—焊剂；
9—移动方向

　　自动埋弧焊焊缝质量稳定，焊缝内部缺陷少，塑性和韧性好，因此其质量比手工电弧焊好。但它只适合焊接较长的直线焊缝；半自动埋弧焊质量介于自动焊和手工焊之间。由人工操作，故适合于焊接曲线或任意形状的焊缝。自动焊或半自动焊应采用与焊件金属强度相匹配的焊丝和焊剂。

　　（3）气体保护焊。气体保护焊是利用惰性气体或二氧化碳气体作为保护介质的一种电弧熔焊方法。它直接依靠保护气体在电弧周围形成局部的保护层，以防止有害气体的侵入，从而保持焊接过程的稳定，气体保护焊又称气电焊。优点是焊工能够清楚地看到焊缝成型的过程，熔滴过渡平缓，焊缝强度比手工电弧焊高，塑性和抗腐蚀性能好。其适用于全位置的焊接，但不适用于在野外或有风的地方施焊。

2.对接焊缝的连接构造

　　根据焊缝本身的截面形式不同，焊缝主要有对接焊缝和角焊缝两种形式。对接焊缝传力均匀平顺，无明显的应力集中，受力性能较好。但对接焊缝连接要求下料和装配的尺寸准确，保证相连板件之间有适当空隙，还需要将焊件边缘开坡口，制造费工。对接焊缝根据焊缝的熔敷金属是否充满整个连接截面，还可分为焊透和不焊透两种形式。在承受动荷载的结构中，垂直于受力方向的焊缝不宜采用不焊通的对接焊缝。

　　角焊缝位于板边缘，传力不均匀，受力情况复杂，受力不均匀容易引起应力集中。但因不需要开坡口，尺寸和位置要求精度稍低，使用灵活，制造方便，故得到广泛应用。角焊缝分为直角角焊缝和斜角角焊缝。在建筑钢结构中，最常用的是直角角焊缝，斜角角焊缝主要用于钢管结构中。

　　（1）坡口形式。用对接焊缝连接时，需要将板件边开成各种形式的坡口（也称剖口），以使焊缝金属填充在坡口内。坡口形式有 I 形、单边 V 形、V 形、J 形、U 形、K 形和 X

形等（图 5-7）。

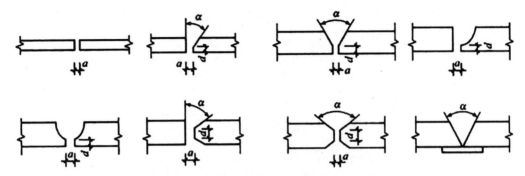

图 5-7　坡口形式

当焊件厚度很小（f ≤ 10 mm）时，可采用 I 形坡口；对于一般厚度（t = 10 ~ 20 mm）的焊件，可采用单边 V 形或 V 形坡口，以使斜坡口和间隙 a 组成一个焊条能够运转的空间，使焊缝易于焊透；对于厚度较厚的焊件（t > 20 mm），应采用 U 形、K 形或 X 形坡口。

（2）引弧板。对接焊缝施焊时的起点和终点，常因起弧和灭弧，出现弧坑等缺陷，此处极易产生裂纹和应力集中，对承受动力荷载的结构尤为不利。为避免焊口缺陷，可在焊缝两端设引弧板（图 5-8），起弧、灭弧只在这里发生，焊完后将引弧板切除，并将板边沿受力方向修磨平整。

（3）不同宽度或厚度的钢板拼接。在对接焊缝的拼接处，当焊接的宽度不同或厚度在一侧相差 4 mm 以上时，应分别在宽度方向或厚度方向从一侧或两侧做成坡度 ≤ 1 ：2.5 的斜角，以使截面平缓过渡，减少应力集中。对直接承受动力荷载且需要进行疲劳计算的结构，倾斜角度 ≤ 1 ：4（图 5-9）。

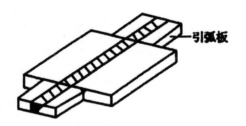

图 5-8　引弧板

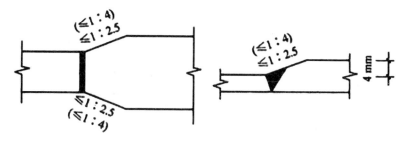

图 5-9 不同宽度或厚度的钢板拼接

3. 贴角焊缝的连接构造

（1）贴角焊缝的概念及截面形式。贴角焊缝是指沿两正交或斜交焊件的交线边缘焊接的焊缝。当焊缝的两焊脚边互相垂直时，称为直角角焊缝，简称角焊缝 [图 5-10（a）]。两焊件有一定的倾斜角度时，称为斜角角焊缝 [图 5-10（b）、（c）]。直角角焊缝受力性能较好，应用广泛。斜角角焊缝大多用于钢管结构中，当两焊脚边夹角口大于 135° 或小于 60° 时，除钢管结构外，不宜用作受力焊缝。

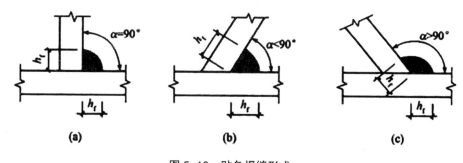

图 5-10 贴角焊缝形式

角焊缝按其截面形式分为普通型、平坦型和凹面型三种（图 5-11 和图 5-12）。钢结构一般采用普通型截面，其焊脚尺寸相等，节约材料，便于施工，但其力线弯折，应力集中严重，在焊缝根部形成高峰应力，容易开裂。因此，在直接承受动力荷载的连接中，为使传力平缓，可采用两焊脚尺寸比例为 1∶1.5 的平坦型（长边顺内力方向），若为侧面角焊缝，则宜采用比例为 1∶1 的凹面型。

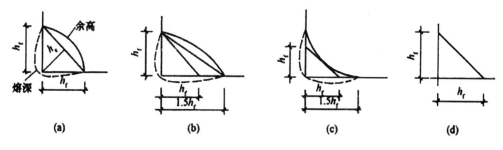

图 5-11 直角角焊缝

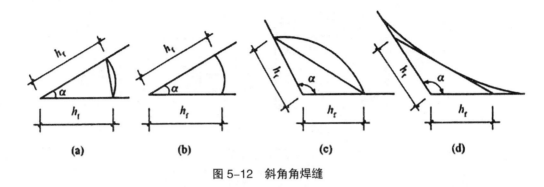

图 5-12　斜角角焊缝

（2）角焊缝各部分的名称。焊缝的底部称为焊根；焊缝表面与母材（即焊件）的交界处称为焊趾；角焊缝与焊件的相交线称为焊脚，此相交线的长度称为焊脚尺寸，常用 hf 表示，对于凸型角焊缝，是从一个板件的焊趾到焊根（母材与母材的接触点）的距离；对于角焊缝，是从焊根到垂直于焊缝有效厚度的垂线与板边交点的距离，焊缝有效厚度又称焊喉，它是计算焊缝强度时采用的表示受力范围的焊缝厚度，常用 he 表示，角焊缝中等于不计余高后焊根至焊缝表面的最短距离。余高是指焊缝在焊趾连接线以外的金属部分的高度，对静力强度有一定的加强作用，对疲劳强度则有一定的降低作用，因此，针对不同受力性质的连接应采取不同截面形式的焊缝。熔深是指在焊缝横截面上母材熔化的深度。焊缝各部分名称，如图 5-13 所示。

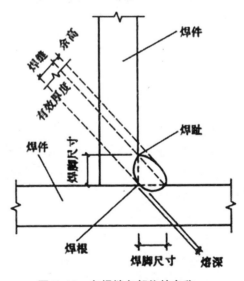

图 5-13　角焊缝各部位的名称

（3）角焊缝的分类。角焊缝按其长度方向和外力作用方向的关系可分为侧面角焊缝、正面角焊缝（也称端焊缝）、斜向角焊缝和围焊缝，如图 5-14 所示。当焊缝长向与力的作用方向平行时为侧面角焊缝；当焊缝长向与力的作用方向面垂直时为正面角焊缝；当焊缝长向与力的作用方向斜交时为斜向角焊缝；由侧焊缝、端焊缝和斜焊缝组成的混合焊缝称为围焊缝。

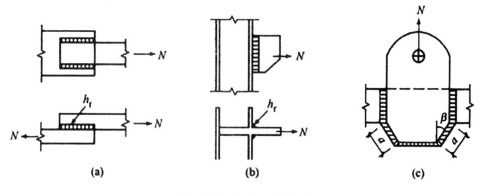

图 5-14　角焊缝的分类

（a）侧面角焊缝；（b）正面角焊缝（端焊缝）；（c）围焊缝 a 端：斜向角焊缝

三、螺栓连接

螺栓连接是指用扳手将螺栓连接副拧紧，使其产生紧固力，从而使被连接件连接成整体的连接方法，可用于钢结构和木结构等。

螺栓连接是轻钢结构现场连接的主要方式。与现场焊接的连接方式比较，螺栓连接具有施工速度快，不受施工条件、施工天气的限制等优点，且容易保证施工质量。但，螺栓连接也会增加工厂制作和安装的成本。

螺栓连接副包括螺栓、螺母和垫圈（图 5-15）。螺栓是指一端为六角形或其他形状的放大头部，另一端为带有螺纹圆杆的连接件；螺母也称螺帽，内部带有螺纹，用在连接件另一侧的活动部分，形状一般与螺栓端头相同。垫圈用在连接副内，起加强紧固作用，通常用平垫圈，也可用具有弹性的弹簧垫圈，以防止螺母松动。

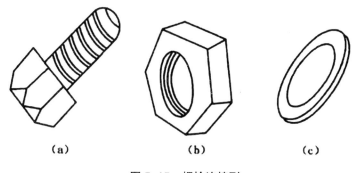

图 5-15　螺栓连接副

（a）螺栓；（b）螺母；（c）垫圈

螺栓连接可分为普通螺栓连接和高强度螺栓连接两种。普通螺栓通常采用强度较低的钢材制成，安装时使用普通扳手拧紧；高强度螺栓则采用高强度低合金钢经热处理后制成，用能控制扭矩或螺栓拉力的特制扳手，拧到规定的预拉力值，将被连接件高度夹紧。

1. 普通螺栓连接

（1）普通螺栓概述。普通螺栓分为 C 级螺栓和 A 级、B 级螺栓两种。其中，C 级螺栓为粗制螺栓，性能等级有 4.6 级和 4.8 级两种；A 级、B 级螺栓为精制螺栓，性能等级有 5.6 级和 8.8 级两种；A 级螺栓为螺栓杆直径 d ≤ 24 mm 且螺栓杆长度 L ≤ 10d 或 L ≤ 150 mm（取较小值）的螺栓，B 级螺栓为 d ＞ 24 mm 和 L ＞ 10d 或 L ＞ 150 mm（取较小值）的螺栓。

建筑工程中常用的螺栓规格有 M16、M20、M22、M24 等，字母 M 为螺栓符号，后面的两位数表示螺栓直径的毫米数。

C 级螺栓表面不经特别加工，C 级螺栓只要求 Ⅱ 类孔，螺栓杆径与孔径差大多取 1.0 ~ 2.0 mm。由于螺栓杆与孔之间存在较大的空隙，当传递剪力时，连接变形较大，故工作性能较差，只宜用于不直接承受动力荷载的次要连接，或安装时的临时固定和可拆卸结构的连接等。

A 级和 B 级螺栓要求配用 Ⅰ 类孔，螺栓杆杆径和螺栓孔孔径相差 0.30 ~ 0.50 mm。由于 A 级和 B 级螺栓对成孔质量要求较高，因此一般钢结构中很少采用，主要用于机械设备。

（2）普通螺栓连接的排列与构造要求。螺栓的排列有并列和错列两种基本形式（图 5-16）。并列比较简单，但栓孔对截面削弱多；错列较紧凑，可减少截面削弱，但排列较复杂。

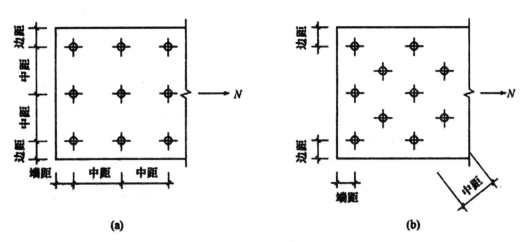

图 5-16 螺栓的排列

（a）并列布置；（b）错列布置

螺栓在构件上的排列，一方面应保证螺栓间距及螺栓至构件边缘的距离不应太小，否则螺栓之间的钢板以及边缘处螺栓孔前的钢板可能沿作用力方向被剪断；同时，螺栓间距及边距太小，也不利于扳手操作；另一方面，螺栓的间距及边距也不应太大，否则连接钢板不宜夹紧，潮气容易侵入缝隙引起钢板锈蚀。对于受压构件，螺栓间距过大还容易引起钢板鼓曲。为此，《钢结构设计规范》（GB50017—2003）根据螺栓孔直径、钢材边缘加工情况（轧制边、切割边）及受力方向，规定了螺栓中心间距及边距的最大、最小限值（表5-1）。

表5-1 螺栓中心间距及边距的最大、最小限值

名称	位置和方向			最大容许距离（取两者的最小值）	最小容许距离
中心间距	外排（垂直内力方向或顺内力方向）			8d0 或 12t	3d0
	中间排	垂直内力方向		16d0 或 24t	
		顺内力方向	构建受压力	12d0 或 18t	
			构件受拉力	16d0 或 24t	
	沿对角线方向			—	
中心至构件边缘距离	顺内力方向			4d0 或 8t	2d0
	垂直内力方向	剪切边或手工气割边			1.5d0
		轧制边、自动气割边或锯割边	高强度螺栓		
			其他螺栓或铆钉		1.2d0

2. 高强度螺栓连接

（1）高强度螺栓连接概述。高强度螺栓和与之相配套的螺母及垫圈合称连接副。其所用的材料一般为热处理低合金钢或优质碳素钢。目前，我国常用的高强度螺栓性能等级有10.9级和8.8级两种。其中整数部分（10和8）表示螺栓成品的抗拉强度 f_u 不低于1000N/mm^2 和 800N/mm^2，小数部分（0.9和0.8）则表示其屈强比 f_y/f_u 为0.9或0.8。

高强度螺栓一般采用45号钢、40Cr、40B或20MnTiB等钢制作，并须满足现行国家标准的相关规定。当前使用的高强度螺栓等级和材料选用，见表5-2。

表5-2 高强度螺栓的等级和材料选用

螺栓种类	螺栓等级	螺栓材料	螺母	垫圈	适用规格/mm
扭剪型	10.9s	20MnTiB	35号钢 10H	45号钢 35~45HRC	d=16, 20,（22）, 24
大六角头型	10.9s	35VB	45号钢 35号钢	45号钢 35号钢 35~45HRC	d=12, 16, 20,（22）, 24,（27）, 30
		20MnTiB	15MnVTi		d ≤ 24
		40B	10H		d ≤ 24
	8.8s	45号钢	35号钢 8H	45号钢 35号钢 35~45HRC	d ≤ 22
		35号钢			d ≤ 16

（2）高强度螺栓连接的种类和构造。高强度螺栓有大六角头型和扭剪型两种（图5-17），这两种螺栓的性能都是可靠的，在设计中可以通用，但其抗剪受力特性却有所不同。根据抗剪受力特性，高强度螺栓可分为摩擦型高强度螺栓和承压型高强度螺栓。

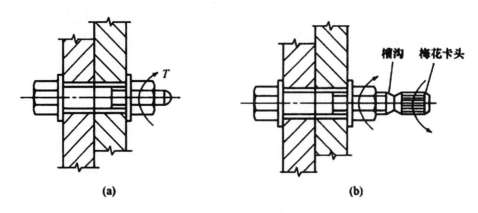

图 5-17　高强度螺栓

（a）大六角头型；（b）扭剪型

摩擦型高强度螺栓通过连接板间的摩擦力来传递剪力，案板层间出现滑动作为其承载能力的极限状态。摩擦型连接在抗剪设计时以最危险螺栓所受剪力达到板间接触面之间可能产生的最大摩擦力设计值为极限状态。摩擦型高强度螺栓适用于重要的结构和承受动力荷载的结构，以及可能出现反向内力构件的连接。高强度螺栓孔应采用钻成孔，其孔径比螺栓的公称直径大 1.5 ~ 2.0 mm。承压型连接在受剪时则允许摩擦力被克服，并发生相对滑移，之后外力可继续增加，由栓杆抗剪或孔壁承压的最终破坏为极限状态。承压型高强度螺栓的构造要求与普通螺栓基本相同，可用于允许产生少量滑移的承受静荷载结构或间接承受动力荷载的构件。当允许在某一方向产生较大滑移时，可以采用长圆孔；当为圆孔时，其孔径比螺栓的公称直径大 1.0 ~ 1.5 mm。

四、锚栓连接

锚栓用于上部钢结构与下部基础的连接，承受柱弯矩在柱脚底板与基础之间产生的拉力，剪力由柱底板与基础面之间的摩擦力抵抗，若摩擦力不足以抵抗剪力，则需在柱底板上焊接抗剪键以增大抗剪能力。

锚栓一头埋入混凝土中，埋入的长度要以混凝土对其的握裹力不小于其自身强度为原则，所以，对于不同的混凝土强度等级和锚栓强度，所需最小埋入长度也不一样。为了增加握裹力，对于 φ39 以下锚栓，需将其下端弯成 L 形，弯钩的长度为 4D（D 为锚栓直径）；对于 φ39 以上锚栓，因其直径过大，不便于折弯，则在其下端焊接锚固板。

第三节 刚架结构工程构造

一、轻钢门式刚架结构构造

1.轻钢门式刚架结构的形式

轻钢门式刚架按跨数分为单跨、双跨、多跨刚架，有的还带挑檐或毗屋。多跨刚架中间柱与钢架斜梁的连接可采用铰接，多跨刚架宜采用双坡或单坡屋盖，必要时，也可采用由多个双坡单跨相连的多跨刚架形式（图5-18）。轻钢门式刚架可以根据通风、采光的需要设置天窗、通风屋脊和采光带。钢架横梁的坡度主要由屋面材料以及排水要求确定，一般为 1/8 ~ 1/20，排水量大则取最大值。

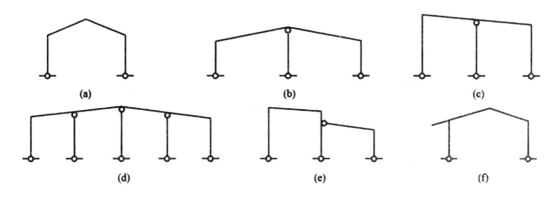

图 5-18 多跨刚架形式

（a）单跨双坡；（b）双跨双坡；（c）双跨单坡；（d）多跨双坡；（e）带毗屋刚架；（f）带挑檐刚架

2.轻钢门式刚架结构的组成

轻钢门式刚架结构一般由主结构系统、次结构系统和围护系统等部分组成。具体组成如下：

（1）主结构系统。其包括主刚架和支撑体系，即横向刚架（包括中部和端部刚架）、楼面梁、托梁、支撑体系等。主刚架多采用实腹式变截面 H 型钢；支撑体系包括水平支撑、柱间支撑和刚性系杆等部分，支撑体系的构件大多采用圆钢、角钢和钢管等，构件简单、制作方便，且支撑体系节点多为标准节点，因此，这部分产品大多为各公司的标准产品。

（2）次结构系统。其包括屋面檩条和墙面檩条（也称墙梁）等。屋面檩条和墙面檩条既是围护材料的支承结构，为主结构梁柱提供了部分侧向支撑作用，构成了轻型钢建筑的次结构。檩条多采用 Z 形或 C 形冷弯薄壁型钢。

（3）围护结构系统。其包括屋面板和墙面板。屋面板和墙面板起整个结构的围护和封闭作用。由于蒙皮效应，事实上也增加了轻型钢建筑的整体刚度。屋面板和外墙墙板应采用加保温材料的压型彩钢板或彩钢夹芯板，部分工程采用铝镁锰合金屋面板，也可采用砌体外墙或底部为砌体、上部为轻质材料的外墙。

（4）辅助结构。其包括楼梯、平台、扶栏等。

（5）基础。

轻钢门式钢架组成的图示说明，如图 5-19 所示。

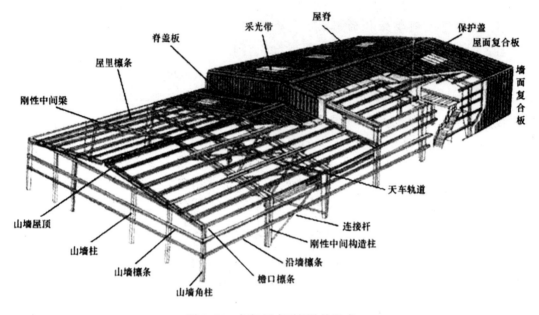

图 5-19   轻钢门式刚架结构组成

3. 轻钢门式刚架结构的布置

（1）平面及立面布置。轻钢门式刚架的跨度和柱距主要根据工艺和建筑要求确定。门式刚架的纵向柱距（即开间）一般为 6 ~ 9 m；横向跨度为相邻横向刚架柱定位轴线之间的距离，一般为 3m 的倍数，如 15m、18m、21m、24m 等。当边柱宽度不等时，其外侧应对齐。门式刚架的高度应取地坪至柱轴线与斜梁轴线交点的高度，其平均高度宜采用 4.5 ~ 9.0 mm，当有桥式吊车时，不宜大于 12m。

（2）伸缩缝布置。结构布置还要考虑温度效应，确定温度区间。轻钢门式刚架的温度区段长度应满足表 5-3 的规定。当建筑尺寸超过时，应设置温度伸缩缝。温度伸缩缝可通过设置双柱或设置檩条的可调节构造来实现。

表5-3 温度区段长度值 mm

结构情况	纵向温度区段（垂直屋架或构建跨度方向）	横向温度区段（沿屋架或构架跨度方向）	
		柱顶为刚接	柱顶为铰接
采暖房屋和非采暖地区房屋	220	120	150
热车间和采暖地区的非采暖房屋	180	100	125
露天结构	120	—	—

（3）支撑布置。支撑布置的目的是使每个温度区段或分期建设的区段建筑，能构成稳定的空间结构骨架。布置的主要原则如下：

1）柱间支撑和屋面支撑必须布置在同一开间内形成抵抗纵向荷载的支撑桁架。支撑桁架的直杆和单斜杆应采用刚性系杆，交叉斜杆可采用柔性构件。刚性系杆是指圆管、H形截面、Z形或C形冷弯薄壁截面等，柔性构件是指圆钢、拉索等只能承受拉力的界面。柔性拉杆必须施加预紧力以抵消其自重作用引起的下垂。

2）柱间支撑的间距应根据房屋纵向柱距、受力情况和安装条件确定。当无吊车时，支撑的间距一般为30 ~ 45m，不宜大于60m。

3）屋盖支撑宜布置在温度区间端部的第一个或第二个开间，当布置在第二个开间时，第一开间的相应位置应设置刚性系杆。

4）45°的支撑斜杆能最有效地传递水平荷载，当柱子较高导致单层支撑构件角度过大时应考虑设置双层柱间支撑。

5）刚架柱顶、屋脊等转折处应设置刚性系杆，且应沿房屋全长设置。

6）轻钢门式刚架的刚性系杆可由相应位置处的檩条兼作，当檩条刚度或承载力不足时，可在刚架斜梁间设置其他附加系杆。

除了结构设计中必须正确设置支撑体系以确保其整体稳定性之外，还必须注意结构安装过程中的整体稳定性。安装时，应该首先构建稳定的区格单元，然后逐榀将平面刚架连接于稳定单元上直至完成全部结构。在稳定的区格单元形成前，必须施加临时支撑固定已安装的钢架部分。

二、钢框架结构构造

1. 钢框架结构体系

钢框架结构体系是指沿房屋的纵向和横向用钢梁和钢柱组成的框架结构来作为承重和抵抗侧力的结构体系。其优点是能够提供较大的内部空间，建筑平面布置灵活，适应多种类型的使用功能；一般在工厂预制钢梁、钢柱，运送到施工现场再拼装连接成整体框架，其自重轻、抗震性能好、施工速度快、机械化程度高；结构简单，构件易于标准化和定型化，对层数不多的高层建筑而言，框架结构体系是一种比较经济合理、运用广泛的结构体系。但同时它也存在一定缺点，例如，用钢量稍大、耐火性能差、后期维修费用高、造价略高于混凝土框架。

随着层数及高度的增加，除承受较大的竖向荷载外，抗侧力（风荷载、地震作用等）成为多层框架的主要承载要求，钢框架基本结构体系一般可分为：柱－支撑体系、纯框架体系、框架－支撑体系三种。

（1）柱－支撑体系。当钢框架结构层数及高度较大时，风荷载、地震作用成为影响柱截面大小的主要因素，一般在框架柱之间要布置柱间支撑，这样可以有效抵抗水平地震作用和风荷载，有效降低框架柱的计算长度，减少框架柱的计算截面。

（2）纯框架体系。在实际设计中，由于使用功能的要求，钢框架结构在层数和高度较小时，常常不设置柱间支撑。这样，只能够通过加大框架柱的截面来抵抗水平地震作用和水平风荷载，减少层间位移。

（3）框架－支撑体系。对于多层及小高层钢框架结构建筑，可结合门窗位置在建筑的外墙布置双向交叉支撑，支撑可采用角钢、槽钢或圆钢，可按拉杆设计，在结构中支撑也不一定必须从下到上同一位置设置，也可跳格布置，其目的主要是增加结构的刚度。对于外墙开有门窗时，也可在窗台高度范围内布置，形成类似周边带状桁架的结构形式，对结构整体刚度进行加强。

对高层住宅，可选择山墙和内墙布置中心支撑或偏心支撑。值得注意的是，当采用单斜体系时，应设置不同倾斜方向的两组单斜杠，以抵挡双向地震作用。在节点方面，若支撑足以承受建筑物的全部侧向力作用，则梁柱可做成铰接，如果支撑不足以承受建筑物的全部侧向力作用，则梁柱可部分或全部做成刚接。

在高烈度地区，如果柱子比较细长，则大多采用偏心框架体系。这种体系的特点是在小震或中等烈度地震作用下，刚度足以承受侧向水平力，在强震作用下，又具有很好的延性和耗能能力。

2. 钢框架结构组成

钢框架结构主要由钢柱与钢梁通过一定的节点连接方式组成。

（1）钢柱。

1）H形钢柱。H形钢柱是由三块钢板组成的H形截面承重构件，对于房间开间较小的钢框架结构，为降低用钢量和充分发挥截面承重能力，其钢柱一般采用H形结构，其强轴平行于建筑物纵向设置。

2）焊接箱形截面柱或方钢管截面柱。焊接箱形截面柱是由四块钢板组成的承重构件，与梁连接部位还设有加劲隔板，每节柱子顶部要求平整。

3）钢管柱及钢管混凝土柱。钢管柱是由圆钢管或方钢管经切割和加工的钢柱，为提高其承载能力，充分发挥钢材和混凝土材料的性能优势，可在钢管中浇筑混凝土，形成钢管混凝土柱。

4）十字柱。每根十字柱采用一根H形钢柱与两根由H型钢剖分形成的　型钢焊接而成。对于高层建筑的柱，可采用十字柱外包钢筋混凝土形成的劲性柱，为确保十字柱与钢筋混凝土协同工作和变形，沿着十字柱高度方向应焊有栓钉。

（2）钢梁。

1）H形钢梁。对于柱距较小的钢框架结构，其钢梁一般采用H型钢，强轴平行于水平面设置。

2）焊接箱形截面梁。对于柱距特别大的钢框架结构，其钢梁一般采用焊接箱形截面，强轴平行于水平面设置。

（3）楼盖。在钢结构住宅中楼盖的形式也呈现多样性。近年来，采用较多的楼盖形式主要有以下几种：

1）压型钢板混凝土楼盖。压型钢板混凝土楼盖是将压型钢板铺设在钢梁上，在压型钢板和钢梁翼缘板之间用圆柱头焊钉进行穿透焊接，压型钢板既可作为浇筑混凝土时的永久性模板，也可作为混凝土板下部受拉钢筋与混凝土一起共同工作。

2）现浇整体混凝土楼盖。现浇整体混凝土楼盖是结构设计中最常用的一种楼板，也是设计及施工人员最为熟悉的一种结构形式。它的做法与钢筋混凝土结构中现浇板的做法基本相似，只是现浇板与钢梁之间需要增加抗剪连接件，使现浇板与钢梁形成一个整体。

3）SP预应力空心板楼盖。SP板是引进美国SPANCERETE公司的生产设备和生产技术生产的大跨度预应力混凝土空心板。SP板既可用作楼板，又可用作墙板，能很好地满足房屋的建筑和结构要求。

4）混凝土叠合板楼盖。混凝土叠合板是将预制钢筋混凝土板支撑在工厂制作的焊有栓钉剪力连接件的钢梁上，在铺设完现浇层中的钢筋之后，浇灌混凝土，当现浇混凝土达到一定强度时，栓钉连接件使槽口混凝土、现浇层及预制板与钢梁连成整体共同工作，形成钢 – 混凝土叠合板组合梁，预制板和现浇层相结合形成叠合板。预制板按照设计荷载配置了承受正弯矩的受力钢筋，并伸出板端，现浇层中在垂直于梁轴线方向配置了负弯矩钢筋。负弯矩钢筋和伸出板端的钢筋（也称胡子筋），还同时兼作组合梁的横向钢筋抵抗纵向剪力。预制板既作为底模承受现浇板混凝土自重和施工荷载，又作为楼面板的一部分承受竖向荷载，同时，还作组合梁翼缘的一部分参与组合梁的受力。

5）密肋OSB板。其楼盖板由C形的轻钢龙骨与铺于龙骨上的薄板组成。楼面结构板材一般采用OSB板（定向刨花板）。龙骨在腹板上开有大孔，这样使管线的穿越与布置极为方便。

6）双向轻钢密肋组合楼盖。由钢筋或小型钢焊接的单品桁架正交成的平板网架，并在网格内嵌入五面体无机玻璃钢模壳而形成双向轻钢密肋组合楼盖。施工时利用平板网架自身的强度、刚度，并配以临时支撑即可完成无模板浇筑混凝土作业。钢框架梁和轻钢桁架被现浇混凝土包裹形成双向组合楼盖，增加了楼板的刚度。无机玻璃钢模壳高度约为

250 mm，500 ~ 600 mm 见方，混凝土现浇层厚度为 50 ~ 70 mm，楼板总厚度较大（密肋模壳可供设备管线穿过），需要架设吊顶。

除以上几种形式外，在钢结构住宅建设中，还采用过钢骨架轻质保温隔声复合楼板、密排托架 – 现浇混凝土组合楼板、双向轻钢密肋组合楼盖、轻集料或加气混凝土楼板（ALC 板）、现浇钢骨混凝土大跨度空心楼盖（有两种形式：梁式钢骨混凝土空心楼盖，框架梁为钢骨混凝土明梁；暗梁钢骨混凝土空心楼盖，楼板中埋设 GBF 轻质高强复合薄壁空心管）等楼板形式。

第四节　钢结构施工图识读

一、焊接连接施工图识读

1. 焊接连接施工图的表示方法

（1）焊缝符号的组成。根据《焊缝符号表示法》（GB/T324—2008），焊缝符号主要由指引线和表示焊缝截面形状的基本符号组成，必要时还可以加上辅助符号，补充符号和焊缝尺寸符号。

指引线是由带箭头的引出线（简称箭头线）和两条基准线（一条为细实线，另一条为细虚线）两部分组成，如图 5-20 所示。

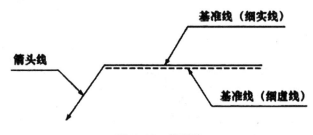

图 5-20　指引线

基本符号是表示焊缝横截面积形状的符号；辅助符号是表示焊缝表面形状特征的符号；补充符号是为了补充说明焊缝的某些特征而采用的符号。

焊缝尺寸符号是表示焊缝基本尺寸而规定使用的一些符号。实际施工图中，常标注为具体的焊缝尺寸数据。

（2）焊缝标注方法。焊缝一般应按《焊缝符号表示方法》（GB/T324—2008）《技术制图焊缝符号的尺寸、比例及简化表示法》（GB/T12212—2012）和《建筑结构制图标准》（GB/T 50105—2010）的规定，将焊缝的形式、尺寸和辅助要求用焊缝符号在钢结构施工图中标注。标注的顺序和要求如下：

1）用指引线引出标注位置。箭头线相对焊缝的位置一般无特殊要求，接头焊缝可在箭头侧或非箭头侧（图5-21），但是在标注单边 V 形、单边 Y 形和 J 形焊缝时，箭头线应指向带有坡口一侧的工件（图5-22）。基准线的虚线可以画在实线的下侧或上侧。基准线一般不应与图纸的底边相平行，特殊情况也可与底边相垂直。

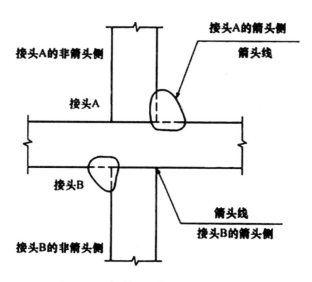

图 5-21 焊缝可在箭头侧和非箭头侧

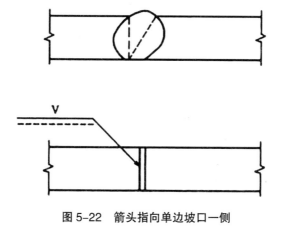

图 5-22 箭头指向单边坡口一侧

2）用基本符号表示焊缝截面形式。符号线条宜粗于指引线。基本符号相对基准线的位置有如下规定：

①对于单面焊缝，如图 5-23（a）所示，如果焊缝在接头的箭头侧，则将基本符号标在基准线的实线侧，如图 5-23（b）所示；

②如果焊缝在接头的非箭头侧,则将基本符号标在基准线的虚线侧,如图 5-23(c)所示;

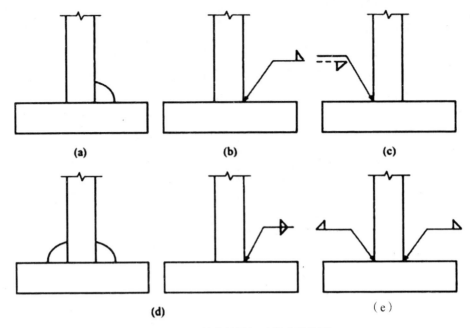

图 5-23　基本符号相对基准线位置

（a）单位角焊缝 T 形接头；（b）焊缝在箭头侧；（c）焊缝在非箭头侧；（d）双面角焊缝 T 形接头；（e）双面对称角焊缝标注方法

③标对称焊缝及双焊缝时，如图 5-23（d）所示，可不加虚线，如图 5-23（e）所示。无论基本符号位于何处，朝向不能发生变化，如图 5-24 所示。

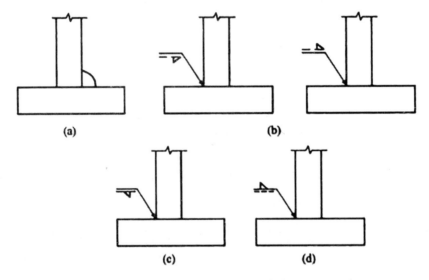

图 5-24　基本符号位置与朝向

（a）单面角焊缝位置；（b）基本符号正确标注方式；（c）基本符号朝向错；（d）基本符号位置错

3）标注焊缝尺寸符号数据。焊缝尺寸符号及数据的标注原则如下：

①焊缝的横截面上的尺寸标在基本符号的左侧；

②焊缝长度方向尺寸标在基本符号的右侧；

③坡口角度、坡口面角度、根部间隙等尺寸标在基本符号的上侧或下侧；

④相同焊缝数量符号标在尾部；

⑤当尺寸较多不易分辨时，可在尺寸数据前，标注相应的尺寸符号。

当箭头线方向变化时，上述原则不变，如图5-25所示。

4）辅助符号的标注。若需标注辅助符号时，将其与基本符号标注在一起。

5）补充符号的标注。

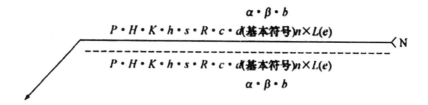

图 5-25　焊缝尺寸标注原则

①三面围焊符号"⊏"标在焊脚尺寸左侧。

②周围焊缝符号"○"绘在指引线转折处。

③现场焊缝符号"▶"或""绘在指引线的转折处。

6）相同焊缝符号的标注。在同一图形上，当焊缝形式、断面尺寸和辅助要求均相同时，可只选择一处标注焊缝的符号和尺寸，并加注"相同焊缝符号"。相同焊缝符号为3/4圆弧，绘在引出线的转折处，如图5-26（a）所示。需要时可在尾部符号后，用大写拉丁字母A、B、C······标注相同焊缝分类编号，如图5-26（b）所示。

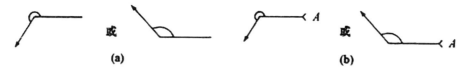

图 5-26　相同焊缝的表示方法

（3）特别需要说明的问题。

1）角焊缝符号箭头所指处仅表示两焊件间关系，其背面是指此两焊件的箭头背面，不代表第三焊件。3个及以上的焊件相互焊接的焊缝，不得作为双面焊缝标注，其焊缝符号和尺寸应分别标注，如图5-27所示。

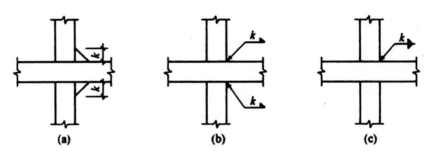

图 5-27　3 个以上焊件的焊缝标注方法
（a）、（b）实际焊缝；（c）错误焊缝

2）我国角焊缝尺寸规定用焊脚尺寸 hf 表示，而不是用有效厚度 he 表示。

3）确定焊缝位置的尺寸不在焊缝符号中绘出，而是将其标注在图样上。

4）在基本符号的右侧无任何标注且又无其他说明时，意味着焊缝在焊件的整个长度上是连续的。

5）在基本符号的左侧无任何标注且又无其他说明时，表示对接焊缝无钝边或要完全焊透。

2. 焊接连接施工图识读技巧

焊接连接是钢结构的重要内容，其直接影响到结构、构件和节点的制作、安装的准确性，是结构和构件质量和安全的必要保证。正确、到位识读钢结构施工图中焊接连接的内容，是保证照图施工的前提。因此，掌握焊接连接施工图识读是建筑工程专业技术人员必备的专业技能。

（1）焊接连接结构图识读顺序及内容：

1）从钢结构设计总说明和相关图纸说明中识读焊接连接的方法、焊接的材料及焊缝质量等级等要求；识读构件制作时板件拼接焊缝设置位置、焊接及加工工艺等基本要求。

2）从构件拼装和节点详图等图样中识读拼装节点处构件编号、板件编号及相互定位关系、焊缝定位尺寸、焊缝走向、焊缝施焊时间（制作焊缝还是现场施焊）等信息。

3）从结构构件和节点详图等图样中识读焊接接头部位工件编号、相互位置、焊缝定位尺寸、焊缝走向等信息。

4）从每一个焊缝符号中识读焊接处焊缝所在位置、焊缝的截面形式、焊缝尺寸、表面形状、焊缝走向（侧缝、端缝、三面围焊、周边焊等）、施焊时间（制作焊缝还是现场安装焊缝）等具体信息，并在头脑中形成立体图像，用以施工。

（2）焊接连接结构图识图要点：

1）牢固掌握必备的基础知识，如投影原理、建筑结构施工图制图标准、焊接连接知识、焊缝符号含义及标注方法等。

2）读图时应从粗到细、从大到小看；相关图样要相互联系、相互比照看，除了读出图样中焊接连接的信息外，还要检查有无漏标、错标之处，有无矛盾之处，有无设计不合理、施工不方便之处等。这是一个渐进的、日积月累的过程，需要反复学习。

3）读图过程中，对于重要信息和发现的问题要随时记下来，一是为了加强记忆或在忘记时备查；二是在技术交底时能得到答复或在今后得到解决。

4）结合实际工程反复看图。识图能力是在反复实践中培养和提高的，根据实践、认识、再实践、再认识的规律，联系实际反复看图，就能较快地掌握识图知识，把握图纸内容。

总之，能做到按图施工无差错，及时发现图纸中问题，才算是真正地把图纸看懂了。

二、螺栓连接施工图识读

1. 螺栓连接施工图表示方法

（1）在钢结构构件加工图或连接节点详图的图样中用规定的表示方法绘出螺栓群，包括细"十"字定位线及螺栓或栓孔形状、种类。要求所用视图能反映螺栓群布置全貌，即排数和列数。

（2）从某一"十"字线中心作引出线标注螺栓规格及螺栓孔孔径。引出线由45°斜线与水平线组成。引出线水平线上标注螺栓规格，其中 M 表示螺栓，后面的两位数表示螺栓公称直径毫米数；引出线水平线下标螺栓孔孔径，其中 d_0 表示孔径，后面的数字表示孔的直径大小，单位为 mm，如图 5-28 所示。

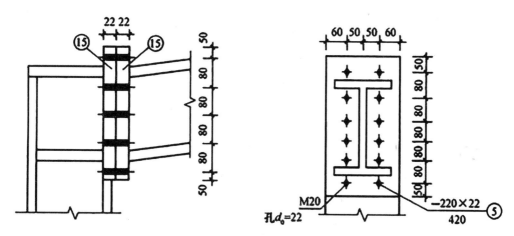

图 5-28　螺栓连接施工图图样示例

（3）标注螺栓排列布置的定位尺寸，包括中距（即行距和列距）、端距和边距等，均以 mm 为单位。

（4）说明中注明螺栓的种类及性能等级，也可标注在图样上。

（5）在零件图或构件加工图样中，只需绘出并标注螺栓孔的位置及孔径，标注方法同前，如图 5-29 所示。

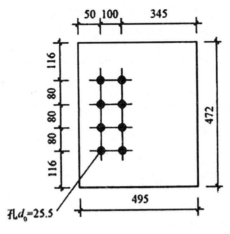

图 5-29 零件加工图螺栓孔示例

2. 螺栓连接施工图识读技巧

螺栓连接是钢结构另一主要连接方式，是钢结构施工图中必须正确、全面表达的内容。正确、全面识读施工图中有关螺栓连接内容是保证零件、构件照图制作加工和钢结构构件准确安装的前提。

（1）螺栓连接施工图识图顺序及内容。

1）从结构设计总说明、相关构件加工图说明、相关图样中识读螺栓连接中螺栓的种类和性能等级，螺栓孔的加工方法、精度及孔径，连接板件接触面的处理方法等。

2）从每一图样中识读螺栓或螺栓孔的排列信息，包括排数、列数、行距、列距、边距、端距、数目等；识读螺栓的规格、螺栓孔的孔径；识读螺栓的使用功能（如是永久螺栓还是安装螺栓）；识读螺栓种类（如是普通螺栓还是高强度螺栓）等。

3）从构件拼装节点详图中识读螺栓连接的构件或板件编号及相互位置关系。

4）从设计总说明中识读螺栓连接施工注意要点。

（2）螺栓连接施工图识图要点：

1）牢固掌握必备的基础知识，如螺栓的种类、规格、性能等级，螺栓排列的构造要求，螺栓的表示方法等。

2）其他识图方法及要点参见焊接连接施工图识读内容。

第六章　砌体结构

第一节　砌体结构房屋的结构类型

由块体和砂浆砌筑而成的墙、柱作为建筑主要受力构件的结构，称为砌体结构。砌体结构主要按材料分为三类：砖砌体、砌块砌体和石砌体结构。

与其他结构相比，砌体结构主要有四个特点：（1）造价低、施工简便；（2）主要用于墙、柱等受压构件；（3）人工砌筑，质量的离散性较大；（4）整体性差，需要用圈梁、构造柱等提高其整体性和抗震性能。

现在，砌体结构正在向轻质高强、约束砌体、利用工业废料和工业化生产等方向发展。

一、砌体结构中的材料及力学性能

砌体结构的主要材料有块体和砂浆。

1.块材

块材有：天然石材（料石、毛石）、人工制造的砖（烧结普通砖、烧结多孔砖、蒸压灰砂砖、蒸压粉煤灰砖等）和中小型砌块（混凝土砌块和粉煤灰砌块等）。

（1）烧结普通砖。

原料：黏土、煤矸石、页岩或粉煤灰。

标准砖尺寸：240mm×115mm×53mm。

强度等级：MU30、MU25、MU20、MU15、MU10。

适用范围：房屋上部及地下基础等部位。

（2）烧结多孔砖。

原料：同烧结普通砖，但孔洞率不小于25%。

尺寸：承重多孔砖目前主要采用 P 型多孔砖（240mm×115mm×90mm）和 M 型多孔砖（190mm×190mm×90mm），分别如图 6-1 和图 6-2 所示。

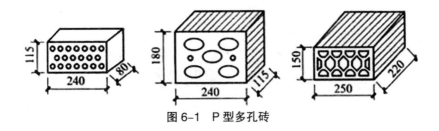

图 6-1　P 型多孔砖

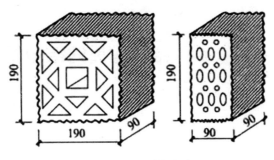

图 6-2　M 型多孔砖

强度等级：同烧结普通砖。

适用范围：地面以上房屋部分。

多孔砖优点：可节约黏土、减少砂浆用量、提高工效、节省墙体造价；可减轻块体自重、增强墙体抗震性能。

（3）非烧结硅酸盐砖（包括蒸压灰砂砖、蒸压粉煤灰砖）。

原料：石灰和砂或粉煤灰。

适用范围：不得用于长期受热 200℃以上、受急冷急热和有酸性介质侵蚀的建筑部位，MU15 和 MU15 以上的蒸压灰砂砖可用于基础及其他建筑部位，蒸压粉煤灰砖用于基础或用于受冻融和干湿交替作用的建筑部位。

强度等级：MU25、MU20、MU15。

（4）砌块。

原料：普通混凝土或轻集料混凝土。

主要规格尺寸：390mm × 190mm × 190mm。

空心率：20% ~ 50%。

强度等级：MU20、MU15、MU10、MU7.5、MU5。

（5）石材。重力密度大于等于 18kN/m³ 的石材为重石，主要有花岗岩、砂岩和石灰岩等；重力密度小于 18kN/m³ 的为轻石，主要有凝灰岩，贝壳灰岩等。按加工后石材外形的规则程度，天然石材可分为：细料石、半细料石、粗料石、毛料石以及形状不规则且中部厚度不小于 200mm 的毛石等 5 种。

2.砂浆

砂浆主要有石灰砂浆、水泥砂浆和混合砂浆等。

（1）作用。使块体连成整体；抹平块体表面；填补块体间缝隙；减少砌体透气性；提高砌体的隔热和抗冻性能。

（2）性能。砂浆的性能见表 6-1 所示。

表 6-1　砂浆的性能

砂浆品种	塑性掺和计	和易保水性	强度	耐久性	耐水性
水泥砂浆	无	差	较高	好	好
混合砂浆	有	好	高	较好	差
非水泥砂浆（石灰、黏土砂浆）	有	好	低	差	无

（3）砌体对砂浆的基本要求：

1）符合强度和耐久性要求；

2）应具有一定的可塑性，在砌筑时容易且较均匀地铺开；

3）应具有足够的保水性，即在运输和砌筑时保持质量的能力。

（4）强度等级。砂浆的强度等级系采用 70.7mm 立方体标准试块，在温度为 20℃ ±5℃环境下硬化，龄期为 28d 的极限抗压强度平均值确定。

砂浆的强度等级：M15、M10、M7.5、M5、M2.5。

施工阶段新砌筑的砌体强度可按砂浆强度为零确定其砌体强度。

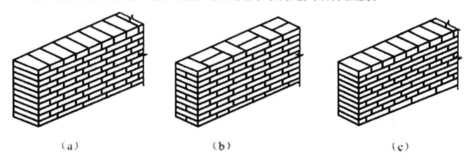

图 6-3　砖砌体的砌筑方法

（a）一顺一丁；（b）梅花丁；（c）三顺一丁

施工严禁：包心柱和不同强度等级砖块混用。

墙体尺寸：240mm（一砖）、370mm（一砖半）、490mm（二砖）、620mm（二砖半）。

（2）无筋砌块砌体。

砌筑方法：应选用配套砌块，先排块后施工，施工时砌块底面向上，反向砌筑。

墙体尺寸：190mm、200mm、240mm、290mm。

砌块砌体为建筑工厂化、机械化、加快建设速度、减轻结构自重开辟新的途径。我国目前使用最多的是混凝土小型空心砌块砌体。

（3）配筋砌体。

配筋砌块砌体，如图 6-4 所示。

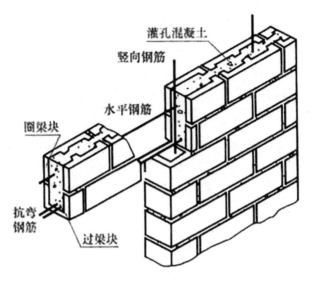

图 6-4　配筋砌块砌体

4.砌体的力学性能

（1）砌体的抗压强度。其破坏过程分为三个阶段：

第一阶段：从受力到单块砖内出现竖向裂缝，如图 6-5（a）所示；

第二阶段：单块砖内裂缝发展，连接并穿过若干皮砖，如图 6-5（b）所示；

第三阶段：裂缝贯通，把砌体分成若干 1/2 砖立柱，失稳，如图 6-5（c）所示。

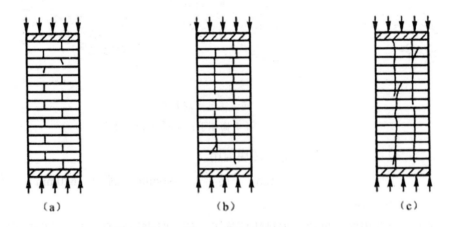

图 6-5　砌体轴心受压时的破坏过程

（a）单砖开裂；（b）砌体内形成一段段裂缝；（c）竖向贯通裂缝形成

（2）影响砌体强度的主要因素：

1）块材和砂浆的强度。块材和砂浆的强度是影响砌体抗压强度的主要因素。块材和砂浆的强度高，砌体的抗压强度也高。试验证明：提高块材的强度等级比提高砂浆强度等级对增大砌体抗压强度的效果好。

2）块材的尺寸与形状。块材的尺寸、几何形状及表面的平整程度对砌体的抗压强度也有较大的影响。块材的表面越平整，灰缝的厚薄越均匀，越有利于砌体抗压强度的提高。

3）砂浆的和易性。砂浆具有较明显的弹塑性质，砌体内采用变形率大的砂浆，单块砖就会产生复杂的应力，对砌体抗压强度产生不利影响。和易性好的砂浆，可以使砌体强度提高。

4）砌筑质量与灰缝厚度。影响砌筑质量的因素有：块材在砌筑时的含水率、砂浆的灰缝饱满度、工人的技术水平等多方面。其中，砂浆的水平灰缝饱满度影响最大，因此，砌体结构工程施工及验收规范要求水平灰缝砂浆饱满度大于 80%。灰缝厚度以 8～12mm 较好，一般宜采用 10mm。此外，技术工人砌筑的熟练程度、砌体的龄期、搭接方式、竖向灰缝填满程度，等对砌体的抗压强度也有一定的影响。

（3）砌体抗压强度。《砌体结构设计规范》（GB50003—2011）规定：龄期为 28d 的以毛截面计算的砌体抗压强度设计值，当施工质量控制等级为 B 级时，应根据块体和砂浆的强度等级分别按下列规定采用：

1）烧结普通砖、烧结多孔砖砌体抗压强度设计值，应按表 6-2 采用。

表 6-2　烧结普通砖、烧结多孔砖砌体抗压强度设计值　MPa

砖强度等级	砂浆强度等级					砂浆强度
	M15	M10	M7.5	M5	M2.5	0
MU30	3.94	3.27	2.93	2.59	2.26	1.15
MU25	3.60	2.98	2.68	2.37	2.06	1.05
MU20	3.22	2.67	2.39	2.12	1.84	0.94
MU15	2.79	2.31	2.07	1.83	1.60	0.82
MU10	—	1.89	1.69	1.50	1.30	0.67
注：当烧结多孔砖的洞率大于 30% 时，表中数值应乘以 0.9。						

2）混凝土普通砖和混凝土多孔砖砌体抗压强度设计值，表 6-3 所示。

表 6-3　混凝土普通砖和混凝土多孔砖砌体抗压强度设计值　MPa

砖强度等级	砂浆强度等级					砂浆强度
	Mb20	Mb15	Mb10	Mb7.5	Mb5	0
MU30	4.61	3.94	3.27	2.93	2.59	1.15
MU25	4.21	3.60	2.98	2.68	2.37	1.05
MU20	3.77	3.22	2.67	2.39	2.12	0.94
MU15	—	2.79	2.31	2.07	1.83	0.82

3）蒸压灰砂普通砖和蒸压粉煤灰普通砖砌体抗压强度设计值，表 6-4 所示。

表 6-4　蒸压灰砂普通砖和蒸压粉煤灰普通砖砌体抗压强度设计值　MPa

砖强度等级	砂浆强度等级				砂浆强度
	M15	M10	M7.5	M5	0
MU25	3.60	2.98	2.68	2.37	1.05
MU20	3.22	2.67	2.39	2.12	0.94
MU15	2.79	2.31	2.07	1.83	0.82
注：当采用专用砂浆砌筑时，其抗压强度设计值按表中数值采用					

4）单排孔混凝土砌块和轻集料混凝土砌块砌筑砌体抗压强度设计值，表 6-5 所示。

表 6-5　单排孔混凝土砌块和轻集料混凝土砌块砌筑砌体抗压强度设计值　MPa

砖强度等级	砂浆强度等级					砂浆强度
	Mb20	Mb15	Mb10	Mb7.5	Mb5	0
MU20	6.30	5.68	4.95	4.44	3.94	2.33
MU15	—	4.61	4.02	3.61	3.20	1.89
MU10	—	—	2.79	2.50	2.22	1.31
MU7.5	—	—	—	1.93	1.71	1.01
MU5	—	—	—	—	1.19	0.70
注：1. 对独立柱或厚度为双排组砌的砌块砌体，应按表中数值乘以 0.7； 2. 对 T 形截面墙体、柱，应按表中数值乘以 0.85。						

5）双排孔或多排孔轻集料混凝土砌块砌体抗压强度设计值，应按表 6-6 采用。

表 6-6　双排孔或多排孔轻集料混凝土砌块砌体抗压强度设计值 MPa

砖强度等级	砂浆强度等级			砂浆强度
	Mb10	Mb7.5	M5	0
MU10	3.08	2.76	2.45	1.44
MU7.5	—	2.13	1.88	1.12
MU5	—	—	1.31	0.78
MU3.5	—	—	0.95	0.56
注：1. 表中的砌块为火山渣、浮石和陶粒集料混凝土砌块； 2. 对厚度方向为双排组砌的轻集料混凝土砌块的抗压强度设计值，应按表中数值乘以 0.8				

（4）砌体强度设计值调整系数 γa，见表 6-7。

表 6-7　砌体强度设计值调整系数 γa

使用情况		γa
无筋砌体构件，其截面面积小于 0.3m-3 时		0.7+A
配筋砌体构件，当其中砌体截面面积小于 0.2m-3		0.8+A
当砌体用强度等级小于 M5.0 的水泥砂浆砌筑时	抗压强度	0.9
	轴心抗拉、弯曲抗拉、抗剪强度	0.8
当验算施工中房屋的构建时		1.1

二、砌体结构房屋结构布置方案

多层砌体结构的房屋主要承重结构为屋盖、楼盖、墙体（柱）和基础，其中，墙体的布置是整体房屋结构布置的重要环节。房屋的结构布置可分为4种方案：

1. 横墙承重方案

住宅、宿舍等建筑因其开间不大，横墙间距较小，可采用横墙承重，将楼板直接搁置在横墙上，纵墙起围护作用，如图6-6所示。这类布置方案楼盖横向刚度较大，房屋整体性好。

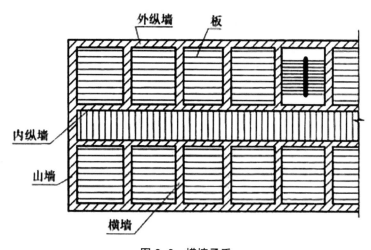

外纵墙　板
内纵墙
山墙
横墙

图6-6　横墙承重

横墙承重体系竖向荷载主要传递路线是：板→横墙→基础→地基。

横墙承重方案的特点是：

（1）纵墙的处理比较灵活。纵墙只承受自重，主要起围护、隔断及横墙连接成整体的作用，在纵墙上进行建筑立面处理比较方便。

（2）纵向刚度大，整体性好。由于横墙数量较多，又与纵墙相互连接，所以，房屋的纵向刚度较大，整体性好，对抵抗风荷载、水平地震作用和地基的不均匀沉降等比纵墙承重方案有利。

（3）楼（屋）盖经济，施工方便。由于横墙间距比纵墙间距小，所以，楼（屋）盖结构比较简单、经济，施工方便，但墙体材料用量较多。

横墙承重方案主要适合用于开间尺寸较小、房间大小固定的多层住宅、宿舍和旅馆等。

2. 纵墙承重方案

纵墙承重方案是指由纵墙承受楼（屋）盖荷载的结构布置方案。

当房屋进深较小，预制板跨度适当时，也可以把预制板直接支承在纵墙上，如图6-7

所示。

当房屋进深较大又希望取得较大空间时，常把大梁或屋架支承在纵墙上，预制板则支承在大梁或屋架上，如图 6-8 所示。

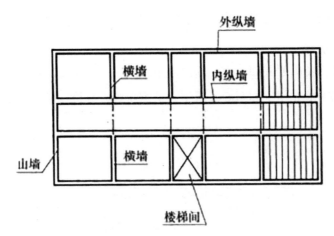

图 6-7　预制板直接支承于纵墙

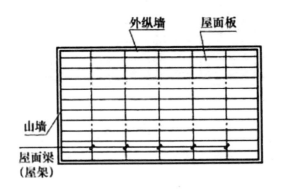

图 6-8　预制板支承于屋面梁和纵墙

纵墙承重体系竖向荷载主要传递路线是：

板→纵墙→基础→地基；

板→梁→纵墙→基础→地基。

纵墙承重方案的特点如下：

（1）横墙布置比较灵活。

（2）纵墙上的门窗洞口受到限制。

（3）房屋的侧向刚度较差。

（4）纵墙承重方案主要用于有较大空间的房屋，如单层厂房的车间、仓库及教学楼等。

3. 纵、横墙混合承重方案

纵、横墙混合承重方案是指由一部分纵墙和一部分横墙承受楼（屋）盖荷载的结构布置方案，如图 6-9 所示。一部分楼（屋）盖荷载则传递给承重的横墙后再传给基础和地基，一部分楼（屋）盖荷载则传递给承重的纵墙后再传给基础和地基。

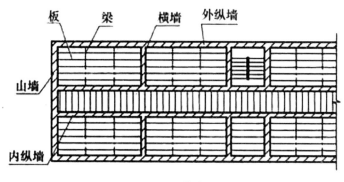

图 6-9　纵横墙混合承重

纵、横墙承重体系的荷载传递路线是：楼（屋）面板 → 梁 → $\left\{\begin{array}{l}纵墙\\横墙\end{array}\right\}$ → 基础 → 地基

对于一些房间大小变化较大、平面布置多样的房屋，采用纵、横墙同时承受的方案，如教学楼、试验楼和办公楼等。纵、横墙承重方案兼有纵墙承重和横墙承重的优点，也有利于建筑平面的灵活布置，其侧向刚度和抗震性能也比纵向承重的好。

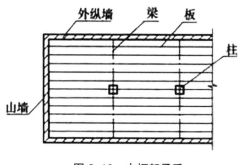

图 6-10　内框架承重

4. 内框架承重方案

内框架承重方案是指由设置在房屋内部的钢筋混凝土框架和外部的砌体墙、柱共同承受楼（屋）盖荷载的结构布置方案，如图 6-10 所示。

内框架承重房屋，常用于要求有较大内部空间的多层工业厂房、仓库和商店等建筑，其特点如下：

（1）内部空间大，平面布置灵活，但因横墙少，侧向刚度较差；

（2）承重结构由钢筋混凝土和砌体两种性能不同的结构材料组成，在荷载作用下会产生不一致的变形，在结构中会引起较大的附加应力。基础的应力分布也不易一致，所以，抵抗地基的不均匀沉降的能力和抗震能力都比较弱。

在混合结构房屋中，承重墙的布置宜遵循以下原则：

（1）尽可能采用横墙承重方案；

（2）承重墙的布置力求简单、规则，纵墙宜拉通，避免断开和转折，每隔一定距离设置一道横墙，将内外纵墙拉结起来，以增加房屋的空间刚度，并增强房屋抵抗地基不均匀沉降能力；

（3）墙上的门窗洞口应上、下对齐；

（4）墙体布置时，应与楼（屋）盖结构布置相配合，尽量避免墙体承受偏心距过大的竖向偏心荷载。

三、受压构件承载力计算

1. 砌体受压的受力过程

试验表明，轴心受压的砌体短柱从开始加载到破坏，也和钢筋混凝土构件一样经历了未裂阶段、裂缝阶段和破坏阶段三个阶段：

（1）未裂阶段。当荷载小于 50% 破坏荷载时，压应力与压应变近似为线性关系，砌体中没有裂缝。

（2）裂缝阶段。当荷载达到 50% ~ 70% 破坏荷载，在单个块体内出现竖向裂缝时，试件就进入裂缝阶段。继续加载，单个块体的裂缝增多，开始贯通；如果停止加载，裂缝仍将继续发展。

（3）破坏阶段。当荷载增大至 80% ~ 90% 破坏荷载时，砌体上已形成几条上、下连续贯通的裂缝，试件就进入破坏阶段。这时的裂缝已把砌体分成几个 1/2 块体的小立柱，砌体外鼓，最后由于个别块体被压碎或小立柱失稳而破坏。

2. 砖体受压时块体的受力机理

试验表明，砌体的受压强度远低于块体的抗压强度，主要是由砌体的受压机理造成。

（1）块体在砌体中处于压、弯、剪的复杂受力状态。由于块体表面不平整，加上砂浆铺的厚度不均匀，密实性也不均匀，致使单个块体在砌体中受压不均匀，且无序地受到弯曲和剪切作用。由于块体的抗弯、抗剪强度远低于抗压强度，因而单个块体出现裂缝，块体的抗压能力不能充分发挥。这是砌体抗压强度远低于块体抗压强度的主要原因。

（2）砂浆使块体在横向受拉。通常，低强度等级的砂浆，它的弹性模量比块体的低。当砌体受压时，砂浆的横向变形比块体的横向变形大，因此，砂浆使得块体在横向受拉，从而降低了块体的抗压强度。

（3）竖向灰缝中存在应力集中。竖向灰缝不可能饱满，造成块体的竖向灰缝处，存在剪应力和横向拉力的集中，使得块体受力更为不利。

3. 影响砌体抗压强度的主要因素

由以上分析可知，影响块体在砌体中发挥作用的主要因素，也就是影响砌体抗压强度的主要因素。

（1）块体的种类、强度等级和形状。当砂浆强度等级相同，对同一块体，块体的抗压强度高，则砌体的强度也高，因而，砌体的抗压强度主要取决于块体的抗压强度。

当块体较高（厚）时，块体抵抗弯、剪的能力就大，故砌体的抗压强度会提高。当采用普通砖时，因其厚度较小，块体内产生弯、剪应力的影响较大，所以，在检验块体时，应使抗压强度和抗折强度都符合规定的标准。

块体外形是否平整也影响砌体的抗压强度。表面歪曲的块体，将引起较大的弯、剪应力，而表面平整的块体有利于灰缝厚度的一致，减少弯、剪作用的影响，从而能提高砌体的抗压强度。

（2）砂浆性能。砂浆强度等级高，砌体的抗压强度也高。如上所述，低强度等级的砂浆将使块体横向受拉。相反，块体就使砂浆在横向受压，使砂浆处于三向受压状态，所以，砌体的抗压强度可能高于砂浆强度；当砂浆强度等级较高时，块体与砂浆间的交互作用减弱，砌体的抗压强度就不再高于砂浆的强度。

砂浆的变形率小，流动性、保水性对提高砌体的抗压强度有利。纯水泥砂浆容易失水而降低流动性，降低铺砌质量和砌体抗压强度。掺入一定比例的石灰和塑化剂形成混合砂浆，其流动性可以明显改善，但当掺入过多的塑化剂，使流动性过大，则砂浆硬化后的变形率就高，反而会降低砌体的抗压强度。

（3）灰缝厚度。灰缝厚度应适当。灰缝砂浆可以减轻铺砌面不平的不利影响，因此，灰缝不能太薄。但如果过厚，将使砂浆横向变形率增大，增大块体的横向拉力，对砌体产生不利影响，因此，灰缝也不宜过厚。灰缝的适宜厚度与块体的种类和形状有关。对于砖体，灰缝厚度以 10 ~ 12mm 为宜。

（4）砌筑质量。砌筑质量的主要标志之一是灰缝质量，包括灰缝的均匀性、密实度和饱满程度等。灰缝均匀、密实、饱满可显著改善块体在砌体中的复杂受力状态，使砌体抗压强度明显提高。

4. 砌体受压承载力计算

（1）受压构件的承载力计算。受压构件的承载力应按下式计算：

$$N \leqslant \phi f A$$

式中　N——轴向力设计值；

A——截面面积，按毛截面计算；

f——砌体的抗压强度设计值；

ϕ——高厚比 β 和轴向力偏心距 e 对受压构件承载力的影响系数。

构件高厚比的计算公式如下：

对于矩形截面：$\beta = \gamma_\beta \dfrac{H_0}{h}$

对于 T 形截面：$\beta = \gamma_\beta \dfrac{H_0}{h_{\mathrm{T}}}$

式中 $\gamma\beta$——不同砌体材料的高厚比修正系数，见表 6-8；

$H0$——受压构件的计算高度，按表 6-9 确定；

h——短形截面轴向力偏心方向边长，为轴心受压截面较小边长；

hT——T 形截面的折算厚度可近似按 3.5i 计算，i 为截面回转半径。

表 6-8　高厚比修正系数 $\gamma\beta$

砌体材料类别	$\gamma\beta$
烧结普通砖、烧结多孔砖	1.0
混凝土普通砖、混凝土多孔砖、混凝土及轻集料混凝土砌块	1.1
蒸压灰砂普通砖、蒸压粉煤灰普通砖、细料石	1.2
粗料石、毛石	1.5
注：对灌孔混凝土砌块砌体，$\gamma\beta$ 取 1.0。	

（2）受压构件的计算高度 H0。受压构件的计算高度是指对墙、柱进行承载力计算或验算高厚比时所采用的高度，用 H0 表示。H0 应根据房屋类别和构件支承条件等按表 6-9 采用。表中的构件高度 H，应按下列规定采用：

1）在房屋底层，为楼板顶面到构件下端支点的距离。下端支点的位置可取在基础顶面，当埋置较深且有刚性地坪时，可取室外地面下 500mm 处。

2）在房屋其他层，为楼板或其他水平支点间的距离。

3）对于无壁柱的山墙，可取层高加山墙尖高度的 1/2；对于带壁柱的山墙，可取壁柱处的山墙高度。

表 6-9　受压构件的计算高度 H0

房屋类别			柱		带壁柱墙或周边拉接的墙		
			排架方向	垂直排架方向	s > 2H	2H ≥ s > H	s ≤ H
有吊车的单层房屋	变截面柱上端	弹性方案	2.5Hu	1.25Hu	2.5Ht		
		刚性、刚弹性方法	2.0Hu	1.25Hu	2.0Hu		
	变截面柱下注		1.0Ht	0.8Ht	1.0Ht		
无吊车的单层和多层房屋	单跨	弹性方案	1.5H	1.0H	1.5H		
		刚性方案	1.2H	1.0H	1.2H		
	多跨	弹性方案	1.25H	1.0H	1.25H		
		刚性方案	1.10H	1.0H	1.1H		
	刚性方案		1.0H	1.0H	1.0H	0.4s+0.2H	0.6s

注：1. 表中 Hu 为变截面柱的上端高度；Ht 为变截面柱的下段高度；

2. 对于上端为自由端的构建，H0=2H；

3. 独立砖柱，无当柱间支撑时，柱在垂直排架方向的 H0 应按表中数值乘以 1.25 后采用；

4. s 为房屋墙间距；

5. 自承重墙的计算高度应根据周边支撑或拉接条件确定。

四、墙、柱高厚比验算

砌体结构房屋中，作为受压构件的墙、柱，除需满足截面承载力要求外，还必须保证其稳定性。墙、柱高厚比是保证砌体结构在施工阶段和使用阶段墙体稳定性和房屋空间刚度的重要值。高厚比越大，砌体稳定性越差。

所谓高厚比是指墙、柱计算高度 H0 与墙厚 h（或与柱的计算高度相对应的柱边长）的比值，用 β 表示。

$$\beta = \frac{H_0}{h}$$

砌体墙、柱的允许高厚比是指墙、柱高厚比的允许限值，用 [β] 表示。《砌体结构设计规范》（GB50003—2011）中墙、柱允许高厚比，见表 6-10。

表 6-10　墙、柱的允许高厚比 [β] 值

砌体类型	砂浆强度等级	墙	柱
无筋砌体	M2.5	22	15
	M5.0 或 Mb5.0、Ms5.0	24	16
	≥ M7.5 或 Mb7.5、Ms7.5	26	17
配筋砌块砌体		30	21

注：1. 毛石墙、柱的允许高厚比应按表中数值降低 20%。

2. 带有混凝土或砂浆面层的组合砖砌体构件的允许高厚比，可按表中数值提高 20%，但不得大于 28.

3. 验算施工阶段砂浆尚未硬化的新砌砌体构件高厚比时，允许高厚比对强取 14，对柱取 11。

1. 一般墙、柱高厚比验算

墙、柱的高厚比应按下式验算：

$$\beta = \frac{H_0}{h} \leqslant \mu_1 \mu_2 [\beta]$$

式中 [β]——墙、柱的允许高厚比，应按表 6-10 采用；

H_0——墙、柱的计算高度；

h——墙厚或矩形柱与 H_0 相对应的边长；

μ_1——自承重墙允许高厚比的修正系数。厚度不大于 240mm 的自承重墙，允许高厚比修正系数 μ_1，应按下列规定采用：墙厚为 240mm 时，μ_1 取 1.2；墙厚为 90mm 时，μ_1 取 1.5；当墙厚小于 240mm 且大于 90mm 时，μ_1 按插入法取值。上端为自由端墙的允许高厚比，除按上述规定提高外，尚可提高 30%；

μ_2——有门窗洞口墙允许高厚比的修正系数；

$$\mu_2 = 1 - 0.4\frac{b_s}{s} \quad (6-1)$$

bs——在宽度 s 范围内的门窗洞口总宽度；

s——相邻横墙或壁柱之间的距离。

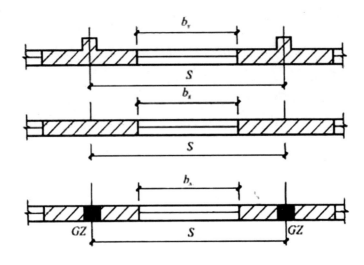

图 6-11 参数取值 s、bs 示意图

参数取值 s、bs 示意图如图 6-11 所示。

按式（6-1）计算的 μ_2 的值小于 0.7 时，μ_2 取 0.7；当洞口高度等于或小于墙高的 1/5 时，μ_2 取 1.0。当洞口高度大于或等于墙高的 4/5 时，可按独立墙段验算高厚比。

当与墙连接的相邻墙间的距离 s ≤ $\mu_2\mu_2[\beta]h$ 时，墙的高度可不受式（6-1）限制。

变截面柱的高厚比可按上、下截面分别验算，其计算高厚比可按相关规定采用；验算上柱的高厚比时，墙、柱的允许高厚比可按表 6-10 的数值乘以 1.3 后采用。

2. 高厚比不满足要求时采取的措施：

（1）降低墙体、柱的高度。

（2）提高砌筑砂浆的强度等级。

（3）减小洞口宽度。

（4）增大墙厚或柱截面尺寸。

（5）采用带壁柱墙或带构造柱墙。

（6）采用组合砖砌体。

第二节　砌体房屋的抗震构造要求

一、一般构造要求

1. 层高要求

多层砌体承重房屋的层高，不应超过 3.6m。

底部框架－抗震墙砌体房屋的底部，层高不应超过 4.5m；当底层采用约束砌体抗震墙时，底层的层高不应超过 4.2m。

注：当使用功能确有需要时，采用约束砌体等加强措施的普通砖房屋，层高不应超过 3.9m。

多层砌体房屋总高度与总宽度的最大比值，宜符合表 6-11 的要求。

表 6-11　房屋最大高宽比

烈度	6	7	8	9
最大高宽比	2.5	2.5	2	1.5
注：1. 单面走廊房屋的总宽度不包括走廊宽度；				
2. 建筑平面接近正方形时，其高宽比宜适当减小。				

2. 房屋抗震横墙的间距要求

房屋抗震横墙的间距不应超过表 6-12 的要求。

表 6-12　房屋抗震横墙的间距 m

房屋类型		烈度			
		6	7	8	9
多层砌体房屋	现浇或装配整体式钢筋混凝土楼、屋盖	15	15	11	7
	装配式钢筋混凝土楼、屋盖	11	11	9	4
	木屋盖	9	9	4	—
底部框架—抗震墙房屋	上部各层				—
	底层或底部两层	18	15	11	—
注：1. 多层砌体房屋的顶层，除木屋盖外的最大横墙间距应允许适当放宽，但应采取相应加强措施；					
2. 多孔砖抗震横墙厚度为 190mm 时，最大横墙间距应比表中数值减少 3m。					

3. 多层砌体房屋中砌体墙段的局部尺寸限值

多层砌体房屋中砌体墙段的局部尺寸限值宜符合表 6-13 的要求。

表 6-13　房屋的局部尺寸限值 m

部位	6 度	7 度	8 度	9 度
承重窗间墙最小宽度	1.0	1.0	1.2	0.5

承重外墙尽端至门窗洞边的最小距离	1.0	1.0	1.2	1.5
非承重外墙尽端至门窗洞边的最小距离	1.0	1.0	1.0	1.0
内墙阳角至门窗洞边的最小距离	1.0	1.0	1.5	2.0
无锚固女儿墙（非出入口处）的最大高度	0.5	0.5	0.5	0.0

注：1. 当局部尺寸不足时，应采取局部加强措施弥补，且最小宽度不宜小于 1/4 层高和表列数据的 80%；

　　2. 出入口处的女儿墙应有锚固。

4. 最小截面规定

为了避免墙柱截面过小导致稳定性能变差，以及局部缺陷对构件的影响增大，《砌体结构设计规范》（GB50003—2011）规定了各种构件的最小尺寸。

承重的独立砖柱截面尺寸不应小于 240mm×370mm。毛石墙的厚度不宜小于 350mm，毛料石柱截面较小边长不宜小于 400mm。当有振动荷载时，墙、柱不宜采用毛石砌体。

5. 墙、柱连接构造

为了增强砌体房屋的整体性和避免局部受压损坏，《砌体结构设计规范》（GB50003—2011）规定：

（1）跨度大于 6m 的屋架和跨度大于下列数值的梁，应在支撑处砌体设置混凝土或钢筋混凝土垫块；当墙中设有圈梁时，垫块与圈梁宜浇成整体：①对砖砌体为 4.8m；②对砌块和料石砌体为 4.2m；③对毛石砌体为 3.9m。

（2）当梁的跨度大于或等于下列数值时，其支撑处宜加设壁柱；或采取其他加强措施：①对 240mm 厚的砖墙为 6m；②对 180mm 厚的砖墙为 4.8m；③对砌块、料石墙为 4.8m。

（3）预制钢筋混凝土梁在墙上的支撑长度应为 180～240mm，支撑在墙、柱上的吊车梁、屋架以及跨度大于或等于下列数值的预制梁的端部，应采用锚固件与墙、柱上的垫块锚固：①砖砌体为 9m；②对砌块和料石砌体为 7.2m。

（4）填充墙、隔墙应分别采取措施与周边主体结构构件可靠连接。连接构造和嵌缝材料应能满足传力、变形、耐久和防护要求。一般是在钢筋混凝土结构中，预埋拉结筋，在砌筑墙体时将拉结筋砌入水平灰缝内。

（5）山墙处的壁柱或构造柱宜砌至山墙顶部，且屋面构件应与山墙可靠拉结。

6. 预制钢筋混凝土板的支承长度

地震灾害的经验表明，钢筋混凝土板之间有可靠连接，才能保证楼面板的整体作用，增加墙体约束，减小墙体竖向变形，避免楼板在较大位移时坍塌。

预制钢筋混凝土板在混凝土圈梁上的支撑长度不应小于 80mm，板端伸出的钢筋应与圈梁可靠连接，且同时浇筑。预制钢筋混凝土板在墙上的支撑长度不应小于 100mm，并应按下列方法进行连接：

（1）板支撑于内墙时，板端钢筋伸出长度不应小于 70mm，且与支座出沿墙配置的纵筋绑扎，用强度等级不应低于 C25 的混凝土浇筑成板带。

（2）板支撑于外墙时，板端钢筋伸出长度不应小于100mm，且与支座处沿墙配置的纵筋绑扎，并用强度等级不应低于C25的混凝土浇筑成板带。

（3）预制钢筋混凝土板与现浇板对接时，预制板端钢筋应伸入现浇板中进行连接后，再浇筑现浇板。

7. 墙体转角处和纵横墙交接处

工程实践表明，墙体转角处和纵、横墙交接处设拉结钢筋是提高墙体稳定性和房屋整体性的重要措施之一，同时，对防止因墙体温度或干缩变形引起的开裂也有一定作用。

墙体转角处和纵、横墙交接处应沿竖向每隔400～500mm设拉结钢筋，其数量为每120mm墙厚不少于1根直径6mm的钢筋；或采用焊接钢筋网片，埋入长度从墙的转角或交接处算起，对实心砖墙不小于500mm，对多孔砖墙和砌块墙不小于700mm，如图6-12所示。

8. 砌块砌体房屋

（1）砌块砌体应分皮错缝搭砌，其上下皮搭砌长度不得小于90mm。当搭砌长度不满足上述要求时，应在水平灰缝内设置不少于2根直径不小于4mm的焊接钢筋网片，横向钢筋间距不应大于200mm，网片每端应伸出该垂直缝不小于300mm。

（2）砌块墙与后砌隔墙交接处，应沿墙高每400mm在水平灰缝内设置不少于2φ4、横筋间距不大于200mm的焊接钢筋网片，如图6-13所示。

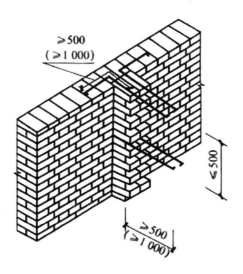

图6-12 墙体转角处和纵、横墙交接处

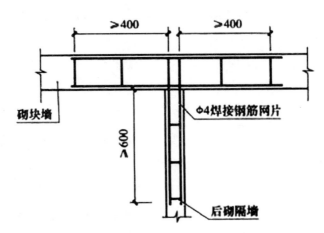

图 6-13　砌块墙与后砌隔墙交界处钢筋网片

（3）混凝土砌块房屋，纵、横墙交接处，距墙中心线每边不小于 300mm 范围内的孔洞，采用不低于 Cb20 混凝土沿全墙高灌实。

（4）混凝土砌块墙体的下列部位，如未设圈梁或混凝土垫块，应采用不低于 Cb20 混凝土将孔洞灌实：

1）在搁栅、檩条和钢筋混凝土楼板的支撑面下，应采用高度不小于 200mm 的砌体；

2）在屋架、梁等构件的支撑面下，应采用高度不小于 600mm，长度不小于 600mm 的砌体；

3）在挑梁的支撑面下，距墙中心线应采用每边不小于 300mm，高度不小于 600mm 的砌体。

9. 在砌体中留槽洞或埋设管道时的构造要求

在砌体中留槽洞或埋设管道时，应遵守下列规定：

（1）不应在截面长边小于 500mm 的承重墙体、独立柱内埋设管线；

（2）不宜在墙体中穿行暗线或预留、开凿沟槽，当无法避免时，应采取必要的措施或按削弱后的截面验算墙体承载力。对受力较小或未灌孔砌块砌体，应允许在墙体的竖向孔洞中设置管线。

二、抗震构造要求

各类多层砖砌体房屋的构造柱应符合下列构造规定：

1. 钢筋混凝土构造柱的设置

（1）构造柱设置部位和要求应符合表 6-14 的要求。

表 6-14 砖砌体房屋构造柱设置要求

房屋层数				设置部位	
6 度	7 度	8 度	9 度		
四、五	三、四	二、三		楼、电梯间四角、楼梯斜梯段上、下端对应的墙体处；外墙四角和对应转角；错层部位横墙与外纵墙交接处；大房间内外墙交接处；较大洞口两侧	隔 12m 或单元横墙与外纵墙交接处；楼梯间对应的另一侧内横墙与外纵墙交接处
六	五	四	二		隔开间横墙（轴线）与外纵墙交接处；山墙与内纵墙交接处
七	≥六	≥五	≥三		内墙（轴线）与外墙交接处；内墙的局部较小墙垛处；内纵墙与横墙（轴线）交接处

（2）构造柱截面尺寸、配筋和连接，如图 6-14 所示。

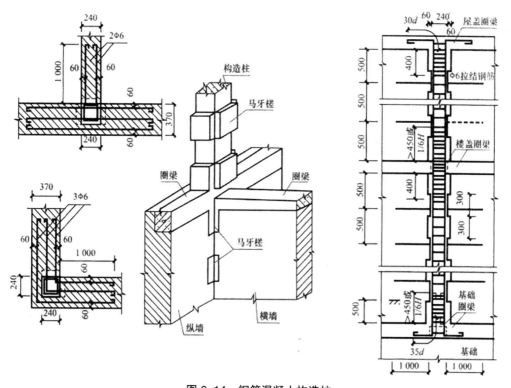

图 6-14 钢筋混凝土构造柱

构造柱的最小截面，可为 180mm×240mm（墙厚 190mm 时为 180mm×190mm）；构造柱纵向钢筋宜采用 4 12，箍筋直径可采用 6mm，间距不宜大于 250mm，且在柱上、下端适当加密；当 6、7 度超过六层、8 度超过五层和 9 度时，构造柱纵向钢筋宜采用 4 14，箍筋间距不应大于 200mm；房屋四角的构造柱应适当加大截面及配筋。

构造柱与墙连接，应砌成马牙槎，沿墙高每隔 500mm 设 2Φ6 水平钢筋和 Φ4 分布短筋平面内点焊组成的拉结网片或 Φ4 点焊钢筋网片，每边伸入墙内不宜小于 1m。6、7 度时，底部 1/3 楼层，8 度时底部 1/2 楼层，9 度时全部楼层，上述拉结钢筋网片应沿墙体水平通常设置。

1）构造柱与圈梁连接，构造柱的纵筋应在圈梁纵筋内侧穿过，保证构造柱纵筋上、下贯通；

2）构造柱可不单独设置基础，但，应伸入室外地面下 500mm，或与埋深小于 500mm 的基础圈梁连接。

当房屋高度和层数接近规范规定限值时，纵、横墙内构造柱间距还应符合下列要求：

1）横墙内的构造柱间距不宜大于层高的 2 倍；下部 1/3 楼层的构造柱间距适当减小；

2）当外纵墙开间大于 3.9m 时，应另设加强措施，内纵墙的构造柱间距不宜大于 4.2m。

房屋的楼、屋盖与承重墙构件的连接，还应符合下列规定：

1）钢筋混凝土预制楼板在梁、承重墙上必须具有足够的搁置长度。当圈梁未设在板的同一标高时，板端的搁置长度，在外墙上不应小于 120mm，在内墙上，不应小于 100mm，在梁上不应小于 80mm，当采用硬架支模连接时，搁置长度允许不满足上述要求。

2）当圈梁设在板的同一标高时，钢筋混凝土预制楼板端头应伸出钢筋，与墙体的圈梁相连接。当圈梁设在板底时，房屋端部大房间的楼盖，6 度时房屋的屋盖和 7 ～ 9 度时房屋的楼、屋盖，钢筋混凝土预制板应相互拉结，并应与梁、墙或圈梁拉结。

3）当板的跨度大于 4.8m 并与外墙平行时，靠外墙的预制板侧边与墙或圈梁拉结。

4）钢筋混凝土预制板侧边之间应留有不小于 20mm 的空隙，相邻跨预制楼板板缝宜贯通，当板缝宽度不小于 50mm 时，应配置板缝钢筋。

5）装配整体式钢筋混凝土楼、屋盖，应在预制板叠合层上双向配置通常的水平钢筋，预制板应与后浇的叠合层有可靠的连接。现浇板和现浇叠合层应跨越承重墙或梁，伸入外墙内长度应不小于 120mm 和 1/2 墙厚。

2. 多层房屋的现浇钢筋混凝土圈梁的设置

（1）装配式钢筋混凝土楼盖、屋盖或木楼、屋盖的砖房圈梁设置要求，装配式钢筋混凝土楼盖、屋盖或木楼、屋盖的砖房，应按照表 6-15 的要求设置圈梁；纵墙承重时，抗震横墙上的圈梁间距应比表内要求适当加密。

表 6-15　多层砖砌体房屋现浇钢筋混凝土圈梁设置要求

墙体	烈度		
	6、7	8	9
外墙和内纵墙	屋盖处及每层楼盖处	屋盖处及每层楼盖处	楼盖处及每层楼盖处
内横墙	同上； 屋盖处间距不应大于 4.5m； 楼盖处间距不应大于 7.2m； 构造柱对应部位	同上； 各层所有横墙，且间距不应大于 4.5m； 构造柱对应部位	同上； 各层所有横墙

（2）现浇或装配式钢筋混凝土楼盖、屋盖与墙体有可靠连接房屋的构造要求。现浇或装配式钢筋混凝土楼盖、屋盖与墙体有可靠连接的房屋，应允许不另设圈梁，但楼板沿

抗震墙体周边应加强配筋并与相应的构造柱钢筋可靠连接。

3. 多层房屋的现浇钢筋混凝土圈梁的构造

（1）圈梁应闭合，遇有洞口应上、下搭接，圈梁宜与预制板设在同一标高处或紧靠板底，如图 6-15 所示。

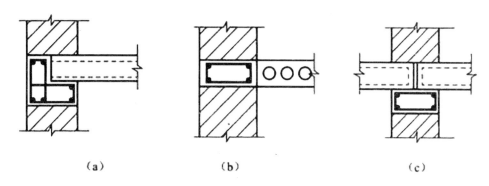

图 6-15　圈梁设置部位及形式
（a）缺口圈梁；（b）板边圈梁；（c）板底圈梁

（2）圈梁的截面高度不应小于 120mm，配筋应符合表 6-16 的要求。当多层砌体房屋的地基为软弱黏性土、液化土、新近填土或严重不均匀，且基础圈梁作为减少地基不均匀沉降影响的措施时，基础圈梁的高度不应小于 180mm，配筋不小于 4Φ12。

表 6-16　多层砖砌体房屋圈梁配筋要求

配筋	烈度		
	6、7	8	9
最小纵筋	4Φ10	4Φ12	4Φ14
箍筋最大间距 /mm	250	200	150

4. 多层砖砌体房屋墙体间、楼（屋）盖与墙体之间的连接

（1）墙体之间的连接。6、7 度时、大于 7.2m 的大房间，以及 8 度和 9 度时外墙转角及内外墙交接处，应沿墙高每隔 500mm 配置 2Φ6 通长钢筋和 Φ4 分布短筋平面内点焊组成的拉结网片或 Φ4 点焊网片，如图 6-16 所示。

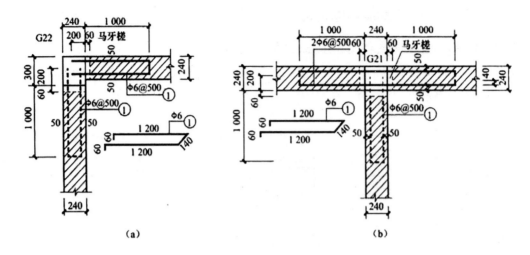

图 6-16　墙体的拉结

（a）内外墙转角处；（b）丁字墙处

后砌的非承重砌体隔墙，烟道、风道、垃圾道等应符合相关规定，如图 6-17 所示。

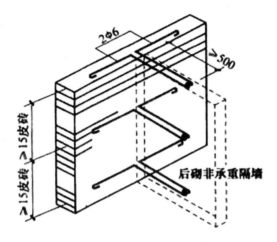

图 6-17　后用非承重墙与承重墙的拉结

（2）楼、屋盖与墙体之间的拉结。

1）现浇钢筋混凝土楼板或屋面板伸进纵、横墙内的长度均不应小于 120mm。

2）装配式钢筋混凝土楼板或屋面板，当圈梁未设在板的同一标高时，板端伸进外墙的长度不应小于 120mm，伸进内墙的长度不应小于 100mm 或采用硬架支模连接，在梁上的长度不应小于 80mm 或采用硬架支模连接。

3）当板的跨度大于 4.8m 并与外墙平行时，靠外墙的预制板侧边应与墙或圈梁拉结。

4）房屋端部大房间的楼盖，6 度时房屋的屋盖和 7～9 度时房屋的楼、屋盖，当圈梁设在板底时，钢筋混凝土预制板应相互拉结，并应与梁、墙或圈梁拉结。

5）楼盖、屋盖的钢筋混凝土梁或屋架应与墙、柱（包括构造柱）或圈梁可靠连接，不得采用独立砖柱。跨度不小于 6m 大梁的支撑构件，应采用组合砌体等加强措施，并满足承载力要求。

6）坡屋顶房屋的屋架应与顶层圈梁可靠连接，檩条或屋面板应与墙、屋架可靠连接，房屋出入口的檐口瓦应与屋面构件锚固。采用硬山搁檩时，顶层内纵墙顶宜增砌支撑山墙的踏步式墙垛，并设置构造柱。

7）门窗洞口处不应采用砖过梁；过梁的支撑长度，6～8 度时不应小于 240mm，9 度时不应小于 360mm。

5. 楼梯间构造要求

（1）顶层楼梯间横墙和外墙应沿墙高每隔 500mm 设 2Φ6 通长钢筋和 Φ4 分布短钢筋平面内点焊组成的拉结网片或 Φ4 点焊网片；7～9 度时其他各层楼梯间墙体应在休息平台或楼层半高处设置 60mm 厚、纵向钢筋不应少于 2Φ10 的钢筋混凝土带或配筋砖带，配筋砖带不少于 3 皮，每皮的配筋不少于 2Φ6，砂浆强度等级不应低于 M7.5 且不低于同层墙体的砂浆强度等级。

（2）楼梯间及门厅内墙阳角处的大梁支撑长度不应小于 500mm，并应与圈梁连接。

（3）装配式楼梯段应与平台板的梁可靠连接；8、9 度时不应采用装配式楼梯段；不应采用墙中悬挑式踏步或踏步竖肋插入墙体的楼梯，不应采用无筋砖砌栏板。

（4）凸出屋顶的楼、电梯间，构造柱应伸至顶部，并与顶部圈梁连接，所有墙体应沿墙高每隔 500mm 设 2Φ6 通长钢筋和 Φ4 分布短筋平面内点焊组成的拉结网片或 Φ4 电焊网片。

6. 丙类多层砖砌体房屋构造要求

丙类的多层砖砌体房屋，当横墙较少且总高度和层数接近或达到规范规定时，应采取如下加强措施：

（1）房的最大开间尺寸不宜大于 6.6m。

（2）同一结构单元内横墙错位数量不宜超过横墙总数的 1/3，且连续错位不宜多于两道；错位的墙体交接处应增设构造柱，且楼、屋面板应采用现浇钢筋混凝土板。

（3）横墙和内纵墙上洞口的宽度不宜大于 1.5m，外纵墙上的洞口的宽度不宜大于 2.1m 或开间尺寸的一半，且内外墙上洞口位置不应影响内外纵墙与横墙的整体连接。

（4）所有纵、横墙均应在楼、屋盖标高处设置加强的现浇钢筋混凝土圈梁；圈梁的截面高度不宜小于 150mm，上、下纵筋各不应少于 3φ10，箍筋不少于 φ6@300。

（5）所有纵、横墙交接处及横墙的中部，均应增设满足下列要求的构造柱：在纵、横墙内柱距不宜大于 3.0m，在纵墙内的柱距不宜大于 4.2m。最小截面尺寸不宜小于 240mm×240mm（墙厚 190mm 时为 240mm×190mm），配筋宜符合表 6-17 的要求。

表 6-17 增设构造柱的纵筋和箍筋设置要求

位置	总向钢筋			箍筋		
	最大配筋率 /%	最小配筋率 /%	最小直径 /mm	加密区范围 /mm	加密区间距 /mm	最小直径 /mm
角柱	1.8	0.8	14	全高	100	6
边柱			14	上端 700		
中柱	1.4	0.6	12	下端 500		

（6）同一结构单元的楼、屋面板应设置在同一标高处。

（7）房屋底层和顶层的窗台标高处，宜设置沿纵、横墙通长的水平现浇钢筋混凝土带；其截面高度不小于 60mm，宽度不小于墙厚，纵向钢筋不少于 2φ10，横向分布筋的直径不小于 φ6，且其间距不大于 200mm。

7. 采用同一类型的基础

同一结构单元的基础（或桩承台），宜采用同一类型的基础，底面宜埋置在同一标高上，否则应增设基础圈梁，并应按 1：2 的台阶逐步放坡。

第三节 过梁、圈梁、挑梁

一、过梁

过梁是墙体中承受门窗洞口上部墙体自重和上层楼盖传来荷载的构件。其主要有：砖砌平拱过梁、砖砌弧拱过梁、钢筋砖过梁和钢筋混凝土过梁四种形式，如图 6-18（a）、（b）、（c）、（d）所示。

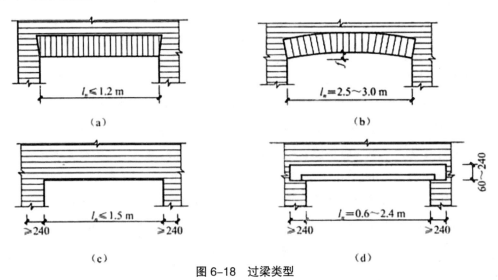

（a） （b）

（c） （d）

图 6-18 过梁类型

（a）砖砌平拱过梁；（b）砖砌弧拱过梁；（c）钢筋砖过梁；（d）钢筋混凝土过梁

　　砖砌过梁具有节约钢材水泥、造价低廉、砌筑方便等优点，但对振动荷载和地基不均匀沉降较敏感，跨度也不宜过大，其中，钢筋砖过梁不应超过 1.5m，对砖砌平拱不应超过 1.2m。对跨度较大的或有较大振动荷载或可能产生不均匀沉降的房屋，应采用钢筋混凝土过梁。

1. 过梁的构造要求

　　（1）砖砌过梁截面计算高度范围内砂浆的强度等级不应低于 M5；

　　（2）砖砌平拱过梁用竖砖砌筑部分的高度不应低于 240mm；

　　（3）钢筋砖过梁底面砂浆层处的钢筋，其直径不应小于 5mm，间距不宜大于 120mm，钢筋深入支座内不宜小于 240mm，底面砂浆层厚度不宜小于 30mm；

　　（4）钢筋混凝土过梁端部的支撑长度，不宜小于 240mm。

2. 过梁上的荷载

　　过梁承受的荷载有两种情况：一是仅有墙体自重；二是除墙体自重外，还承受过梁计算高度内的梁板荷载。

　　在荷载作用下，过梁如同受弯构件一样上部受压，下部受拉。但是，试验表明，当过梁上的砖砌体砌筑的高度接近跨度的一半时，由于砌体砂浆随时间增长而逐渐硬化，砌体与过梁共同工作，这种组合作用可将上部的荷载直接传递到过梁两侧的砖墙上，从而使跨中挠度增量减小很快，过梁中的内力增大不多。

　　试验还表明，当梁、板距过梁下边缘的高度较小时，其荷载才会传到过梁上；若梁、板位置较高，而过梁跨度相对较小，则梁、板荷载将通过下面砌体的起拱作用而直接传给支撑过梁的墙。因此，为了简化计算，《砌体结构设计规范》（GB50003—2011）规定过梁上的荷载，可按下列规定采用：

　　（1）梁板荷载。对砖和小型砌块砌体，当梁板下的墙体高度 $h_w < l_n$ 时（l_n 为过梁的净跨），可按梁板传来的荷载采用；当 $h_w \geq l_n$ 时，可不考虑梁板荷载。

　　（2）墙体荷载。

　　1）对砖砌体，当过梁上的墙体高度 $h_w < l_n/3$ 时，应按全部墙体的均布自重采用；当 $h_w \geq l_n/3$ 时，应按高度为 $l_n/3$ 墙体的均布自重采用。

　　2）对混凝土砌块砌体，当 $h_w < l_n/2$ 时，应按墙体的均布自重采用；当 $h_w \geq l_n/2$ 时，应按高度为 $l_n/2$ 墙体的均布自重采用。

　　3）对砌块砌体，当过梁上的墙体高度 h_w 小于 $l_n/2$ 时，墙体荷载应按墙体的均布自重采用，否则应按高度为 $l_n/2$ 墙体的均布自重采用。

3. 过梁的承载力计算

严格来讲，过梁应是偏心受拉构件。因为跨度和荷载均较小，一般都按跨度为 ln 的简支梁进行内力和强度计算，强度计算公式如下：

砖砌平拱过梁受弯承载力

M ≤ ftmW

钢筋砖过梁受弯承载力

M ≤ 0.85h0fyAs

受剪承载力

V ≤ fvbz

式中 M——按简支梁计算的跨中弯矩设计值；

W——砖砌平拱过梁的截面抵抗矩，对矩形截面：W = bh2/6；

b——砖砌平拱过梁的截面宽度；

h——过梁截面计算高度，取过梁底面以上墙体的高度，但不大于 ln/3；当考虑梁、板传来的荷载时，按梁、板下的墙体高度采用；

ftm——砌体弯曲抗拉强度设计值；

h0——钢筋砖过梁的有效高度，h0 = h − as；

As——受拉钢筋重心到截面下边缘的距离；

fy——受拉钢筋强度设计值；

z——截面内力臂，对矩形截面，z = 2h/3；

fv——砌体的抗剪强度设计值。

钢筋混凝土过梁也可按一般钢筋混凝土简支梁进行受弯和受剪承载力的计算。此外，应进行梁端下砌体的局部承压验算。由于钢筋混凝土过梁多与砌体形成组合结构，刚度较大，可取其有效支撑长度 a0 等于实际支撑长度，但不应大于墙厚，梁端底面压力图形完整系数 η = 1.0，且可不考虑上层荷载的影响，即 ψ = 0。

二、圈梁

混合结构房屋中，在墙体内沿水平方向设置的封闭状的钢筋混凝土梁或钢筋砖梁称为圈梁。

1. 圈梁的作用

为了增强砌体房屋的整体刚度，防止由于地基的不均匀沉降或较大震动荷载等对房屋引起的不利影响，可以设置圈梁，是砌体房屋抗震的有效措施。

2. 圈梁的布置

（1）厂房、仓库、食堂等空旷单层房屋应按下列规定设置圈梁：砖砌体结构房屋，檐口标高为 5 ~ 8m 时，应在檐口标高处设置圈梁一道；檐口标高大于 8m 时，应增加圈梁设置数量。砌块及料石砌体结构房屋，檐口标高为 4 ~ 5m 时，应在檐口标高处设置圈梁一道；檐口标高大于 5m 时，应增加设置数量。

对有吊车或较大振动设备的单层工业房屋，当未采取有效的隔振措施时，除在檐口或窗顶标高处，设置现浇混凝土圈梁外，尚应增加圈梁设置数量。

（2）住宅、办公楼等多层砌体结构民用房屋，当层数为 3 ~ 4 层时，应在房屋和檐口标高处各设置一道圈梁；当层数超过 4 层时，除应在底层和檐口标高处，各设置一道圈梁外，至少应在所有纵、横墙上隔层设置圈梁。

多层砌体工业房屋，应在每层设置现浇混凝土圈梁。设置圈梁的多层砌体结构房屋，应在托梁、墙梁顶面和檐口标高处设置现浇钢筋混凝土圈梁。

（3）采用现浇混凝土楼（屋）盖的多层砌体结构房屋，当层数超过 5 层时，除应在檐口标高处设置一道圈梁外，可隔层设置圈梁，并应与楼（屋）面板一起现浇。

未设置圈梁的楼面板嵌入墙内的长度不应小于 120mm，并沿墙长配置不少于 2 根直径为 10mm 的纵向钢筋。

3.圈梁的构造要求

圈梁宜连续设在同一水平面上，并形成封闭状。当圈梁被门窗洞口截断时，应在洞口上部增设相同的附加圈梁。附加圈梁与圈梁的搭接长度不应小于其垂直间距的 2 倍，且不得小于 1m，如图 6-19 所示。

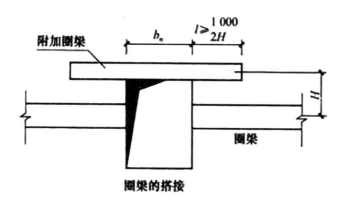

图 6-19　圈梁的设置与搭接

刚弹性和弹性方案房屋，圈梁应与屋架、大梁等构件可靠连接；纵、横墙交接处的圈梁应可靠连接，如图 6-20 所示。

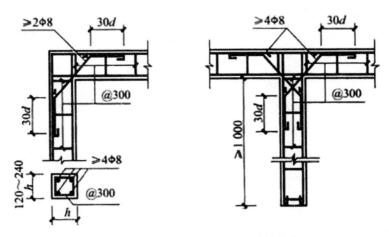

图 6-20　纵、横墙交接处圈梁连接构造

混凝土圈梁的宽度应与墙厚相同，当墙厚不小于 240mm 时，其宽度不宜小于墙厚的 2/3。圈梁高度不应小于 120mm。纵向钢筋数量不应少于 4 根，直径不宜小于 10mm，绑扎接头的搭接长度按受拉钢筋考虑，箍筋间距不应小于 300mm。圈梁兼作过梁时，过梁部分的钢筋，应按计算面积另行增配。

三、挑梁

挑梁是一端埋入砌体墙内，另一端挑出墙外的钢筋混凝土悬挑构件。在混合结构房屋中，挑梁多用于房屋的挑檐、阳台、雨篷、悬挑楼梯等部位。挑梁将涉及抗倾覆验算、砌体局部受压承载力验算以及挑梁本身的承载力计算三类问题。

1. 挑梁的构造要求

（1）纵向受力钢筋至少应 1/2 的钢筋面积深入梁尾端，且不少于 2 12。其余钢筋深入支座的长度不应小于 2l1/3（l1 为挑梁埋入砌体中的长度）。

（2）挑梁埋入砌体中的长度 l1 与挑出长度 l 之比宜大于 1.2；当挑梁上无砌体时，l1 与 l 之比宜大于 2。

2. 挑梁的受力特点

试验表明，挑梁受力后，在悬臂段竖向荷载产生的弯矩和剪力作用下，埋入段将产生挠曲变形，但这种变形受到上、下砌体的约束。

当荷载增加到一定程度时，挑梁与砌体的上界面墙边竖向拉应力超过砌体沿通缝的抗拉强度时，将沿上界面墙边出现如图 6-21 所示水平裂缝①；随后在挑梁埋入端头下界面出现水平裂缝②；这时，挑梁有向上翘的趋势，在挑梁埋入端上角的砌体中将出现阶梯斜裂缝③；最后，挑梁埋入端近墙边下界面砌体的受压区不断减小，会出现局部受压裂缝④，甚至发生局部受压破坏。

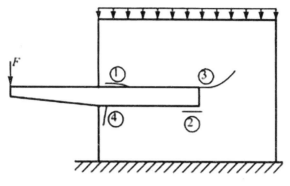

图 6-21　裂缝出现情况

挑梁可能发生下述两种破坏形态：

（1）倾覆破坏，如图 6-22（a）所示。当悬臂段竖向荷载较大，而挑梁埋入段较短，且砌体强度足够，埋入段前端下面的砌体未发生局部受压破坏，则可能在埋入段尾部以外的墙体中产生 $\alpha \geqslant 45°$（试验平均值为 57° 左右）的斜裂缝。如果这条斜裂缝进一步加宽，并向斜上方发展，则表明斜裂缝以内的墙体以及在这个范围内的其他抗倾覆荷载已不能有效地抵抗挑梁的倾覆，挑梁实际上已发生倾覆破坏。

（2）局部受压破坏，如图 6-22（b）所示。当挑梁埋入段较长，且砌体强度较低时，可能在埋入段尾部墙体中斜裂缝未出现以前，发生埋入段前端梁下砌体被局部压碎的情况。

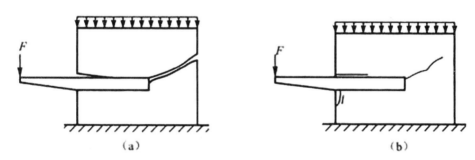

图 6-22　挑梁的破坏形态
（a）挑梁倾覆破坏；（b）挑梁局部受压破坏

因此，《砌体结构设计规范》（GB50003—2011）建议对挑梁分别进行抗倾覆验算及挑梁埋入段前端下面砌体的局部受压承载力验算。

3. 砌体墙中钢筋混凝土挑梁抗倾覆验算

$M0u \leqslant Mr$　（8-12）

$Mr = 0.8Gr（l2 - x0）$　（8-13）

式中 M0v——挑梁的荷载设计值对计算倾覆点产生的倾覆力矩；

　　　Mr——挑梁的抗倾覆力矩设计值；

Gr——挑梁的抗倾覆荷载，为挑梁尾端上部 45° 扩散角的阴影范围（其水平长度为 l3）内的本层砌体与楼面恒荷载标准值之和；

l2——Gr 作用点至墙外边缘的距离（mm）。

Gr 的计算范围应根据实际工程中不同的情况对照采用：

对于雨篷等悬臂构件，其中

l2 = l1/2；l3 = ln/2

式中 l1——挑梁埋入砌体的长度；

x0——计算倾覆点 a 至墙外边缘的距离（mm），由于砌体塑性变形的影响，因此，倾覆点不在外边缘而是向内移动至 a 点，挑梁计算倾覆点至墙外边缘的距离 x0 可按下列规定采用：

（1）对一般挑梁，即当 l1 ≥ 2.2hb 时，

x0 = 0.3hb　（8-14）

且 x0 ≤ 0.13l1

（2）当 l1 < 2.2hb 时，

x0 = 0.13l1　（8-15）

式中 hb——挑梁的截面高度（mm）。

确定挑梁倾覆荷载时，须注意以下几点：

1）当墙体无洞口时，且 l3 ≤ l1，取 l3 长度范围内 45° 扩散角（梯形面积）的砌体和楼盖的恒荷载之标准值，如图 6-23（a）所示；若 l3 > l1，则取 l1 长度范围内 45° 扩散角（梯形面积）的砌体和楼盖荷载，如图 6-23（b）所示。

2）当墙体有洞口时，且洞口内边至挑梁埋入端距离大于 370mm，则 Gr 的取值方法同上（应扣除洞口墙体自重），如图 6-23（c）所示；否则，只能考虑墙外边至洞口外边范围内砌体与楼盖恒荷载的标准值，如图 6-23（d）所示。

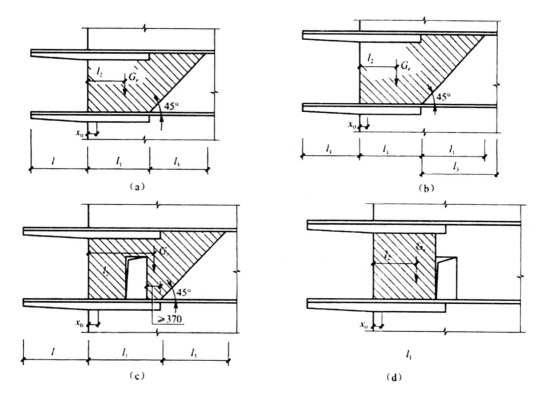

图 6-23 挑梁的抗倾覆荷载

（a）l3 ≤ l1 时；（b）l3 > l1 时；（c）洞在 l1 之内；（d）洞在 l1 之外

4. 挑梁下砌体的局部受压承载力

挑梁下砌体的局部受压承载力可按下式进行验算：如图 6-23 所示。

$$Nl \leq \eta \gamma fAl \quad （8-16）$$

式中 Nl——挑梁下的支撑压力，$Nl = 2R$（R 为挑梁的倾覆荷载设计值，可近似取挑梁根部剪力）；

η——梁端底面压应力图形的完整系数，可取 0.7；

γ——砌体局部抗压强度提高系数，挑梁支撑在一字墙时，如图 6-24（a）所示，取 $\gamma = 1.25$，挑梁支撑在丁字墙时，如图 6-24（b）所示，取 $\gamma = 1.5$；

Al——挑梁下砌体局部受压面积，$Al = 1.2bhb$（b 为挑梁的截面宽度，hb 为挑梁截面高度）。

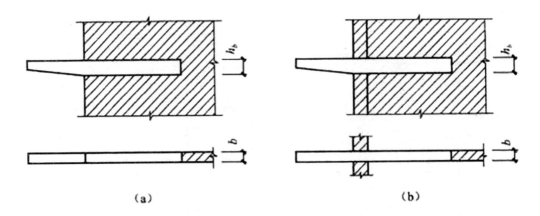

图 6-24　挑梁下砌体砌体局部受压

（a）挑梁支撑在一字墙；（b）挑梁支撑在丁字墙

5. 挑梁受弯、受剪承载力计算

由于倾覆点不在墙边而在离墙边 x0 处，以及墙内挑梁上、下界面压应力的作用，最大弯矩设计值 Mmax 在接近 x0 处，最大剪力设计值 Vmax 在墙边。其值为：

$$Mmax = M0 \quad （8-17）$$

$$Vmax = V0 \quad （8-18）$$

式中　V0——挑梁的荷载设计值在挑梁墙外边缘处截面产生的剪力。

第四节　钢筋混凝土楼梯与雨篷

楼梯是多层及高层房屋中的一个重要组成部分，楼梯的平面布置、踏步尺寸、栏杆形式等由建筑设计确定。板式楼梯和梁式楼梯是最常见的楼梯形式，在宾馆等一些公共建筑中，也采用一些特种楼梯，如螺旋板式楼梯和悬挑式板式楼梯。

楼梯的设计步骤包括：

（1）根据建筑要求和施工条件，确定楼梯的结构形式和结构布置；

（2）根据建筑类别，确定楼梯的活荷载标准值；

（3）进行楼梯各部件的内力分析和截面设计；

（4）绘制施工图，处理连接部件的配筋构造。

下面主要介绍板式楼梯和梁式楼梯的设计要点。

一、板式楼梯的构造要求及识图

板式楼梯由梯段板、平台板和平台梁组成，如图 6-25 所示。

梯段板是斜放的齿型板，支撑在平台梁上和楼层梁上，底层一般支撑在地垄梁上。最常见的双跑楼梯每层有两个梯段，也有采用单跑楼梯和三跑楼梯。

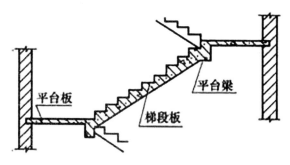

图 6-25　板式楼梯

板式楼梯的优点是：下表面平整，施工支模较方便，外观比较轻巧。其缺点是梯段板较厚，约为梯段板水平长度的 1/30 ～ 1/25，混凝土用量和钢材用量较多。一般梯段板水平长度不超过 3m。

板式楼梯的设计内容包括梯段板、平台设计和平台梁的设计。

1.梯段板

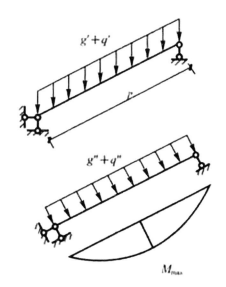

图 6-26　梯段板的计算简图

梯段板按斜放的简支梁计算，其正截面与梯段板垂直。楼梯的活荷载是按水平投影面计算，计算跨度取平台梁间的斜长净距 l′n，计算简图如图 6-26 所示。

计算梯段板荷载时应考虑恒荷载（踏步自重、斜板自重、面层自重等）和活荷载。

设梯段板单位水平长度上的竖向均布荷载为 P，则沿斜板单位长度上的竖向均布荷载为 $P' = P\cos\alpha$，此处 α 为梯段板与水平线间的夹角。再将竖向的 P' 沿垂直于斜板方向及平行于斜板方向分解为：

$$P'_x = P'\cos\alpha = P\cos\alpha\cos\alpha$$

P′ y = P′ sin α = Psin α sin α

此处 P′ x、P′ y 分别在 P′ 在垂直于斜板方向及沿斜板方向的分力。其中，P′ y 对斜板的弯矩和剪力没有影响。

设 ln 为梯段板的水平净跨长，则 ln = l′ ncos α，于是斜板的跨中最大弯矩和支座最大剪力可以表示为

$$M_{max} = \frac{1}{8} P'_x (lP'_n)^2 = \frac{1}{8} Pl^2$$

$$M_{max} = \frac{1}{2} P'_n lP'_n = \frac{1}{2} Pl_n \cos a$$

可见，简支斜梁在竖向均布荷载 P 作用下的最大弯矩，等于其水平投影长度的简支梁在 P 作用下的最大弯矩。截面承载力计算时，斜板的截面高度应垂直于斜面，并取齿型的最薄处。

为避免斜板在支座处产生过大的裂缝，应在板面配置一定数量钢筋，一般取 Φ8@200，长度为 ln/4。斜板内分布钢筋可采用 Φ6 或 Φ8，每级踏步不少于 1 根，放置在受力钢筋的内侧。

2. 平台板和平台梁

平台板一般设计成单向板，可取 1m 宽板进行计算，平台板一端与平台梁整体连接，另一端可能支撑在砖墙上，也可能与过梁整浇。考虑到板支座的转动会受到一定约束，一般应将板下部钢筋在支座附近弯起一半，或在板面支座处另配短钢筋，伸出支撑边缘长度为 ln/4。

平台梁的设计与一般梁相似。

二、梁式楼梯的构造要求与识图

梁式楼梯由踏步板、斜梁平台板和平台梁组成。

1. 踏步板

踏步板两端支承载斜梁上，按两端简支的单向板计算。一般取一个踏步作为计算单元。踏步板为梯形截面，板的截面高度可近似取平均高度 h =（h1 + h2）/2，如图 6-27 所示，板厚一般不小于 30 ~ 40mm。每一踏步一般需配置不少于 2φ6 的受力钢筋，沿斜向布置的分布筋直径不小于 Φ6，间距不大于 250mm。

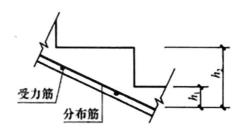

图 6-27　梁式楼梯的踏步板

2. 梯段斜梁

梯段斜梁两端支承在平台梁上，受力踏步板传来的均布荷载和斜梁自重，荷载的作用方向竖直向下，其内力计算简图如图 6-28 所示，其内力按下式计算：

$$M_{max} = \frac{1}{8}(g+q)\, l_0^2$$

$$M_{max} = \frac{1}{2}(g+q)\, l_n \cos a$$

式中　g, q——作用于梯段斜梁上竖直的恒荷载的设计值；

l_0, ln——梯段斜梁的计算跨度和净跨度的水平投影长度。

梯段斜梁可按倒 L 形截面进行计算，踏步板下的斜板为其受压翼缘。梯段斜梁的截面高度 h =（1/16 ~ 1/20）l_0，其配筋及构造要求与一般梁相同，配筋图如图 6-29 所示。

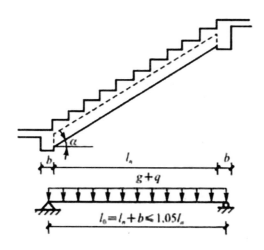

图 6-28　斜梁计算简图

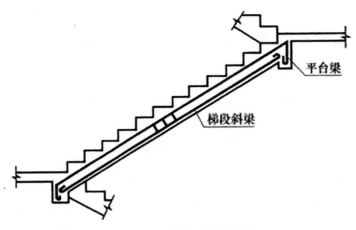

图 6-29　斜梁配筋示意图

3. 平台梁与平台板

平台板的计算和构造要求与板式楼梯平台板相同，梁式楼梯中的平台承受，平台板均布荷载梯段斜梁传来的集中力及平台梁自身的均布荷载，如图 6-30 所示。由材料力学可求出其内力，配筋和构造要求与一般梁相同。

4. 折板的计算与构造要求

为了满足建筑上的要求，有时踏步板需要采用折板的形式，如图 6-31 所示，折板的内力计算与一般斜板相同，板的折角处，要分离并满足钢筋的锚固要求，如图 6-32 所示。

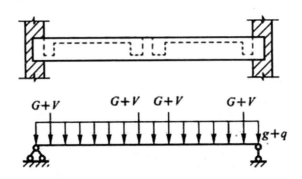

图 6-30　平台梁计算简图

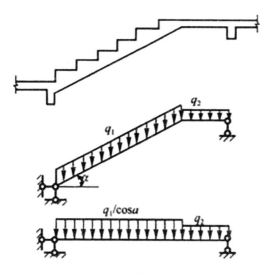

图 6-31　折线形板式楼梯的荷载

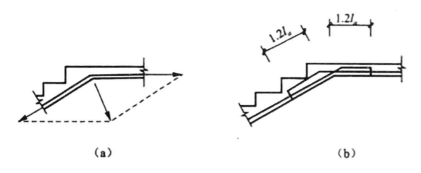

图 6-32　折线形楼梯板内折角处的配筋
（a）混凝土保护层剥落，钢筋被拉出；（b）转角处钢筋的锚固措施

三、雨篷的构造要求

　　雨篷、外阳台、挑檐是建筑工程中常见的悬挑构件，它们的设计除与一般的梁板结构相同之外，还应进行抗倾覆验算。下面以雨篷为例，简单介绍雨篷的构造要求，如图 6-33 所示。

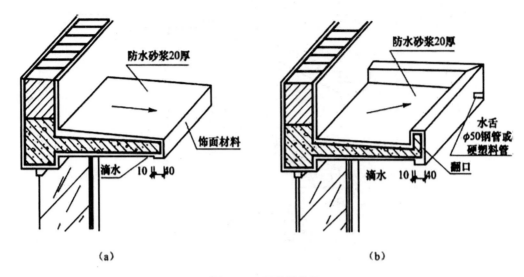

图 6-33 雨篷结构图

（a）自由落水雨篷；（b）有翻口有组织排水雨篷

1. 一般要求

钢筋混凝土雨篷是房屋结构中最常见的悬挑构件，它有各种不同布置。对悬挑比较长的雨篷，一般都有梁支撑雨篷板，另一方面又兼做作门过梁，承受上部墙体的重力和楼面梁板或楼梯平台传来的荷载。这种雨篷受荷载后可能发生三种破坏：①雨篷板在根部发生受弯断裂破坏；②雨篷梁受弯、剪、扭发生破坏；③整体雨篷发生倾覆破坏。

板式雨篷一般由雨篷板和雨篷梁组成。雨篷梁既是雨篷板的支撑，又兼有过梁的作用。

一般的雨篷板的挑出长度为 0.6 ~ 1.2m 或者更长，视建筑要求而定。现浇雨篷板多数做成变厚度的，但是一般根部板厚为 1/10 的挑出长度，但不小于 70mm，板端不小于 50mm。雨篷板周围往往设置凸出，以便排水。

2. 雨篷板的构造特点

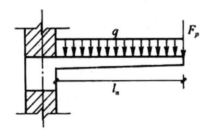

图 6-34 雨篷受力图

雨篷板是悬挑板，按受弯构件设计，板厚可取 ln/12。当雨篷板挑出长度 ln = 0.6 ~ 1.0m 时，板根部厚度通常不小于 70mm，端部厚度不小于 50mm。板承受的荷载除永久荷载和均布活荷载外，还应考虑施工荷载或检修荷载的集中荷载（沿板宽每隔 1.0m 考虑一个

1kN 的集中荷载），它作用于板的端部，雨篷受力图如图 6-34 所示，内力可由材料力学求出，配筋计算与普通板相同。

3.雨篷梁的计算

雨篷梁承受的荷载有自重、梁上砌体重、雨篷板传来的荷载等。雨篷板传来的荷载以扭矩的形式施加给雨篷梁。

当雨篷板上有作用均布荷载 p 时，作用在雨篷梁中心线的力包括竖向力 V 和力矩 mp，沿板宽方向 1m 的数值分别为 $V = pl$（kN/m）和 $m_p = pl(\frac{b+l}{2})$ kN·m/m。

在力矩 mp 作用下，雨篷梁的最大扭矩为：$T = mpl0/2$。

此处 l0 为雨篷梁的跨度，可近似取 l0 = 1.05ln。

雨篷梁在自重、梁上砌体重力等荷载作用下产生弯矩和剪力；在雨篷板传来的荷载作用下，不仅产生弯矩和剪力，还将产生扭矩。因此，雨篷梁是受弯、剪、扭的构件。

4.雨篷梁的设计

雨篷梁除承受作用在板上的均布荷载和集中荷载外，还兼有过梁的作用，承受雨篷梁上墙体传来的荷载，对计算梁上墙体传来的荷载时，应根据不同情况区别对待。雨篷梁宽度一般与墙厚相同，其高度可参照普通梁的高跨比确定，通常为砖的块数。为防止板上雨水沿墙缝渗入墙内，往往在梁顶设置高过板顶 60mm 的凸块，如图 6-35 所示。

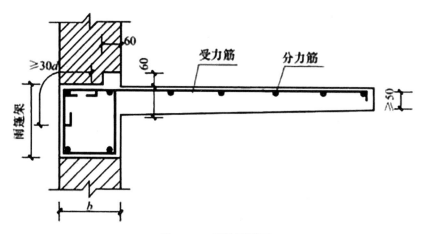

图 6-35 雨篷配筋图

5.雨篷的整体抗倾覆验算

对雨篷除进行承载力计算外，还应进行整体抗倾覆验算。雨篷板上的荷载将绕 O 点产生倾覆力矩 MOr，而抗倾覆力矩 Mr 由梁自重以及墙重的合力 Gr 产生，进行抗倾覆验算应满足的条件是：

Mr ≥ Mor（8-23）

式中 Mr——抗倾覆力矩设计值，Mr = 0.8Grl2；

Gr——雨篷的抗倾覆荷载，可取雨篷梁尾端上部 45° 扩散角范围（其水平长度为 l3）内的墙体恒荷载标准值，如图 6-36 所示；

l2——Gr 距墙边的距离，l2 = l1/2，l1 为雨篷梁上墙体的厚度，l3 = ln/2。

为保证满足抗倾覆要求，可适当增加雨篷的支撑长度，即增加压力在梁上的恒荷载值。

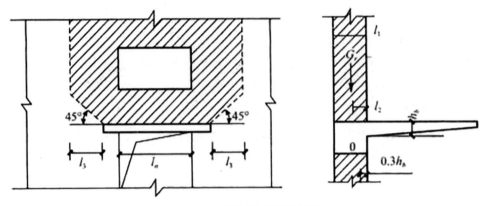

图 6-36　抗倾覆验算受力图

第七章　BIM 建筑结构建模基础与设计内容

第一节　基础

一、结构基础分类

按照基础的样式和创建方式的不同，软件把基础分为三大类，分别是：独立基础、条形基础和基础底板。使用独立基础、条形基础和基础底板等族为建筑模型创建基础。

独立基础：将基脚或桩帽添加到建筑模型中，是独立的族。

条形基础：以条形结构为主体，可在平面或者三维图中沿着结构墙放置条形基础。

基础底板：用于建立平整表面上结构楼板的模型和建立复杂基础形状的模型。

二、独立基础创建

1）独立基础族载入

独立基础自动附着到柱的底部，将独立基础族放置在项目模型中，需要先通过载入族工具将相应的族载入到当前的项目中：

方式：功能区"结构"选项卡→"基础"选项板→ （独立）。

步骤：

①执行上述方式的操作，在上下文选项卡中，单击"模式"选项板中的"载入族"按钮，弹出基础载入族对话框，如图 7-1 所示。

图 7-1

②选择需要载入的该文件，单击"打开"按钮完成载入。

2）独立基础实例的参数设置

在"类型选择器"下拉列表中，选择基础族的类型，设置基础的实例属性，如图 7-2 所示。

图 7-2

图 7-2 中部分参数说明如下：

主体：将独立基础主体约束到的标高，一般为只读。

偏移量：指定独立基础相对约束标高的顶部高程。

随轴网移动：勾选后，将基础限制到轴网上，基础随着轴网的移动而发生移动。

结构材质：为独立基础赋予给定的材质类型。

底部高程：基础底部标记的高程，一般为只读。

3）独立基础族的布置

在结构柱下方或轴网交点处放置基脚。

①单击功能区"结构"选项卡→"基础"选项板→ 📇 （独立）。

②在属性面板"类型选择器"下拉列表中，选择一种独立基础类型。

③若要放置单个基脚，单击平面视图或三维视图中的绘图区域；若要在平面视图的轴网交点处放置基脚的多个实例，单击"修改 | 放置独立基础"→"多个"选项板→ ⊞ （在轴网处），如图 7-3 所示，选择该轴网，然后单击 ✔ 完成；若要在指定柱下方放置基脚的多个实例，单击"修改 | 放置 独立基础"→"多个"选项板→ 📱 （在柱处），如图 7-3 所示，选择该柱，然后单击 ✔ 完成，结果如图 7-4 所示。

图 7-3

图 7-4

三、条形基础创建

条形基础是以条形图元对象为主体创建的，因此要创建条形基础，首先要创建条形图元对象，基础被约束到其主体对象，如果主体对象发生变化，则条形基础也会随之变化。

方式：功能区"结构"选项卡→"基础"选项板→ 🏢（墙）。

快捷键：FT。

步骤：

①单击功能区"结构"选项卡→"基础"选项板→ 🏢（墙），如图 7-5 所示。

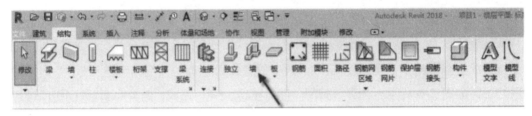

图 7-5

图 7-6

②从"类型选择器"下拉列表中，选择"挡土墙基脚"或"承重基脚"类型。

③选择要使用条形基础的墙，结果如图 7-6 所示。

条形基础被约束到所支撑的墙，并随之移动。

条形基础参数设置：执行上述操作，在属性面板"类型选择器"下拉列表中，选择对应的类型；单击"编辑类型"按钮，进入基础"类型属性"对话框，如图 7-7 所示。

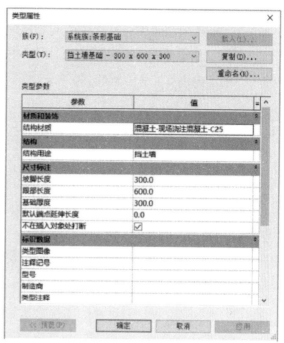

图 7-7

图 7-7 中部分参数说明如下：

结构材质：为基础赋予材质类型。

结构用途：指定墙体的类型为挡土墙或承重墙。

坡脚长度：指定从主体墙边缘到基础的外部面的距离，仅针对挡土墙。

跟部长度：指定从主体墙边缘到基础的内部面的距离，仅针对挡土墙。

基础厚度：指定条形基础的厚度值。

默认端点延伸长度：指定基础将延伸至墙终点之外的距离。

不在插入对象处打断：指定位于插入对象下方的基础是连续的还是打断的。

四、 基础底板的创建和修改

基础底板可用于建立平整表面上结构楼板的模型，这些板不需要其他结构图元的支撑；也可以用于建立复杂基础形状的模型，不能使用"隔离基础"或"墙基础"工具创建这些形状。

方式：功能区"结构"选项卡→"基础"选项板→"板"下拉菜单→"结构基础：楼板"。

步骤：单击功能区"结构"选项卡→"基础"选项板→ ⬛（底板），在属性面板"类型选择器"下拉列表中，指定基础底板类型，单击"修改 | 创建楼层边界"选项卡→"绘制"选项板→"边界线"，然后单击 🔲（拾取墙），选择模型中的墙；或者使用"修改 | 创建楼层边界"选项卡→"绘制"选项板上的绘制工具，可以绘制基础底板的边界，如图

7-8 所示。边界草图必须形成闭合环或边界条件，配合修剪（TR）工具修剪完成边界绘制。

如果要测量距离墙体核心的偏移值，可在选项栏中，单击"延伸到墙中"，在选项栏的"偏移"文本框中，指定楼板边缘的偏移值，单击"修改 | 创建楼层边界"选项卡→"模式"选项板→ ✔ （完成），结果如图 7-9 所示。

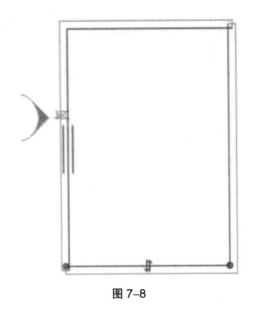

图 7-8

图 7-9

执行上述操作，在属性面板"类型选择器"下拉列表中，选择基础底板类型，单击"编辑类型"按钮，进入"类型属性"对话框，类型参数根据项目参数输入即可。

第二节　结构柱

结构柱是建筑中的承重图元，主要承受建筑垂直荷载。

一、结构柱和建筑柱的差异

尽管结构柱与建筑柱共享许多属性，但结构柱还具有很多独特性质和行业标准定义的其他属性。在行为方面，结构柱也与建筑柱不同，结构图元（如梁、支撑和独立基础）与结构柱连接，不与建筑柱连接。

二、结构柱载入

方式：功能区"结构"选项卡→"结构"选项板→（柱）。

快捷键：CL。

步骤：按照上述方式单击"结构柱"，在上下文选项卡中，单击"模式"选项板中的"载入族"按钮，弹出结构柱"载入族"对话框，如图7-10所示。

在对话框中可以看到，软件将结构柱分为钢柱、混凝土柱、木质柱、轻型钢柱和预制混凝土柱5种类型。单击需要的".rfa"该文件，再单击"打开"按钮完成载入。这时在属性面板"类型选择器"下拉列表中，将出现刚刚载入的结构柱。

图 7-10

三、结构柱属性参数设置

在"类型选择器"下拉列表中,选择要放置的结构柱样式,单击"编辑类型"按钮进入其"类型属性"对话框,如图 7-11 所示。

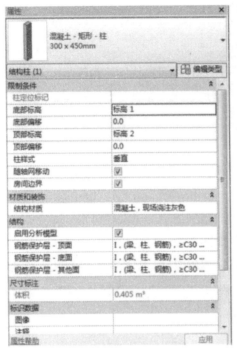

图 7-11

单击"复制(D)"按钮,在弹出的结构柱类型名称对话框中,输入新建柱的尺寸,名称命名按 b×h mm 形式,如图 7-12 所示。单击"确定"按钮,复制一个新柱子,修改 b、h 值,再单击"确定"按钮完成新柱的创建,如图 7-13 所示。

图 7-12

返回属性面板,如图 7-14 所示。

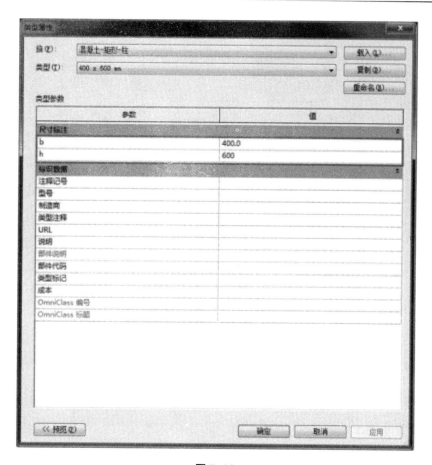

图 7-13

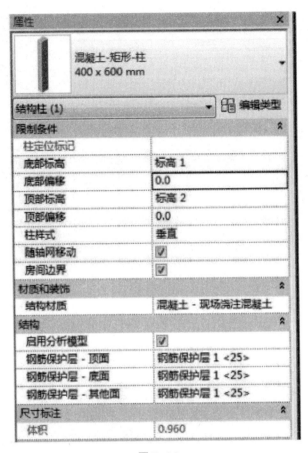

图 7-14

图 7-14 中部分参数说明如下:

随轴网移动: 勾选此复选框, 则轴网发生移动时, 柱也随之移动; 不勾选, 则柱不随轴网移动。

房间边界: 勾选此复选框, 则将柱作为房间边界的一部分, 反之则不作为边界。

结构材质: 为当前的结构柱赋予材质类型。

启用分析模型: 勾选此复选框, 则显示分析模型, 并包含在分析计算中, 建模过程中, 建议不勾选。

钢筋保护层 – 顶面: 设置与柱顶面间的钢筋保护层距离, 此项只适用于混凝土柱。

钢筋保护层 – 底面: 设置与柱底面间的钢筋保护层距离, 此项只适用于混凝土柱。

钢筋保护层 – 其他面: 设置从柱到其他图元面间的钢筋保护层距离, 此项只适用于混凝土柱。

四、 结构柱的布置方式

方式:

①功能区"结构"选项卡→"结构"选项板→ ▯ （柱）；

②功能区"建筑"选项卡→"构建"选项板→"柱"下拉列表→ ▯ （结构柱）。

快捷键：CL。

步骤：

①放置平面。

②执行上述方式的操作。

③选择需要布置的结构柱类型。

④选择布置方式及标记，如图 7-15 所示。

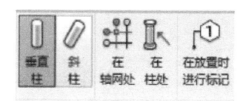

图 7-15

图 7-15 中各项说明如下：

垂直柱：表示在轴网上布置的柱为垂直的结构柱。

斜柱：表示在轴网上布置的柱为有角度倾斜的结构柱，通过单击两次不同的位置，完成倾斜。

在轴网处：用于在选定轴网的交点处创建结构柱，能够快速创建同种类型的结构柱，单击"完成"，完成创建。

在柱处：用于在选定的建筑柱内部创建结构柱，结构柱能自动捕捉到建筑柱的中心。

在放置时进行标记：在完成结构柱布置时，自动生成相应的结构柱标记。

⑤垂直柱布置方式：在选项栏设置垂直柱布置深度或高度，设置布置标高，将光标移动到绘图区域中，确定布置位置后单击鼠标左键，完成柱的布置。

⑥斜柱布置方式：在选项栏设置斜柱第一点和第二点的深度或高度，设置布置标高，将光标移动到绘图区域中，分别单击第一点和第二点布置位置后，完成斜柱的布置。

⑦在轴网处布置方式：在轴网处布置结构柱适用于垂直柱。单击垂直柱并单击上下文选项卡中的"在轴网处"按钮，在选项栏设置好垂直柱布置标高后，选择要布置柱的轴网，在轴网相交处会出现结构柱布置，单击 ✔ 完成柱的布置。

⑧在建筑柱处布置方式：在建筑柱处布置结构柱适用于垂直柱。单击垂直柱并单击上下文选项卡中的"在柱处"按钮，在选项栏设置垂直柱布置标高后，选择相关建筑柱，在建筑柱中心处会出现结构柱布置，单击 ✔ 完成柱的布置。

五、结构柱的修改

结构柱的修改主要是属性面板实例属性的修改和上下文选项卡中"功能"选项板的修改。

1）实例属性修改：

选择一个结构柱，在属性面板中修改该柱的实例属性，且不影响其他柱的属性，主要修改的内容就是限制条件，如图 7-16 所示。

结构柱 (1)	▾ 编辑类型
限制条件	≈
柱定位标记	
底部标高	标高 1
底部偏移	0.0
顶部标高	标高 2
顶部偏移	0.0
柱样式	垂直
随轴网移动	☑
房间边界	☑

图 7-16

图 7-16 中部分参数说明如下：

柱定位标记：指示项目轴网上垂直柱的坐标位置。

底部标高：指示柱底部的限制标高。

底部偏移：指示柱底部到底部标高的偏移值，正值表示标高以上，负值表示标高以下。

顶部标高：指示柱顶部的限制标高。

顶部偏移：指示柱顶部到顶部标高的偏移值，正值表示标高以上，负值表示标高以下。

柱样式：指定修改柱的样式形式为"垂直"、"倾斜 – 端点控制"或"倾斜 – 角度控制"。

2）上下文选项卡中柱的修改：

选择结构柱，在弹出的"修改 | 结构柱"上下文选项卡下，可以看到如图 7-17 所示的几个面板工具，均用于修改柱。

图 7-17

图 7-17 中各选项说明如下：

编辑族：表示可以通过族编辑器来修改当前的各族，然后将其载入到项目中。

高亮显示分析：指示在当前视图中高亮显示与选定的物理模型相关联的分析模型。

附着顶部／底部：指示将柱附着到如屋顶和楼板等模型图元上。

分离顶部／底部：指示将柱从已经附着的构件如屋顶和楼板等模型图元上分离。

钢筋：指示放置平面或多平面钢筋。

第三节　结构梁

梁是用于承重用途的结构框架图元。可以在放置梁之前或者在放置梁之后，修改其结构用途。

一、梁的载入

在绘制梁之前，项目样板只有热轧 H 型钢的族，因此需要重新载入项目所需要的梁样式族，到当前项目中，以达到绘制的目的。

方式：功能区"结构"选项卡→"结构"选项板→ （梁）。

步骤：

①执行上述方式的操作。

②单击"修改｜放置梁"上下文选项卡下的"载入族"按钮，弹出"载入族"对话框，如图 7-18 所示。

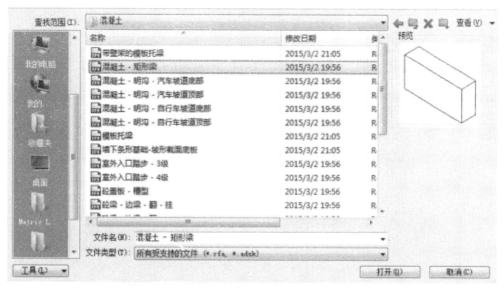

图 7-18

③选择需要载入的梁该文件，单击"打开"按钮完成载入，这时在属性面板"类型选择器"下拉列表中，将出现载入的新梁样式。

二、梁的属性设置

在该文件件载入项目后，即可对梁的类型属性及实例属性按图纸进行设置，之后，便可进行梁构件的布置。

方式：功能区"结构"选项卡→"结构"选项板→ 🔨（梁）。

快捷键：BM。

（1）梁类型属性参数设置

①在属性面板"类型编辑器"下拉列表中，选择将要绘制的梁类型，单击"编辑类型"按钮进入"类型属性"对话框，如图 7-19 所示。②单击"复制（D）"按钮，在弹出的"名称"对话框中输入新建的梁名称，如图 7-20 所示。③单击"确定"按钮，返回"类型属性"对话框，修改相关参数，再单击"确定"按钮完成类型属性的设置，返回到梁绘制状态。

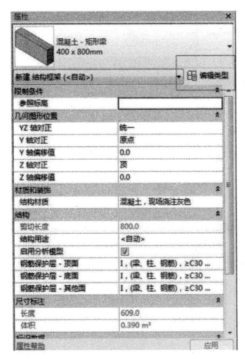 

图 7-19

图 7-20

（2）梁实例属性参数设置

进入梁的属性面板，设置相关实例参数，如图 7-21 所示。

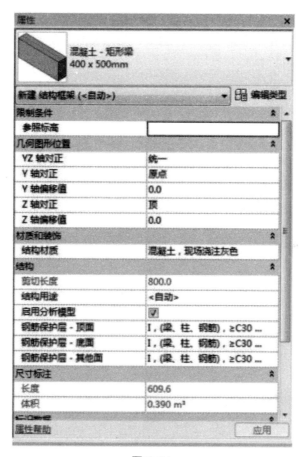

图 7-21

图 7-21 中参数说明如下：

参照标高：标高限制，是一个只读的值，取决于放置梁的工作平面。

工作平面：放置了图元的当前平面，为只读属性。

起点标高偏移：梁起点与参照标高间的距离。当锁定构件时，会重设此处输入的值，锁定时，只读。

终点标高偏移：梁端点与参照标高间的距离。当锁定构件时，会重设此处输入的值，锁定时，只读。

YZ 轴对正：只适用于钢梁，有"统一"和"独立"两种方式，使用"统一"可为梁的起点和终点设置相同的参数；使用"独立"可为梁的起点和终点设置不同的参数。

Y 轴对正：只适用于"统一"对齐钢梁，指定物理几何图形相对于定位线的位置（原点、左侧、中心或右侧）。

Y 轴偏移值：只适用于"统一"对齐钢梁，此偏移值为在"Y 轴对正"参数中，设置的定位线与特性点之间的距离。

Z 轴对正：只适用于"统一"对齐钢梁，指定物理几何图形相对于定位线的位置（原点、顶部、中心或底部）。

Z 轴偏移值：只适用于"统一"对齐钢梁，此偏移值为在"Z 轴对正"参数中，设置的定位线与特性点之间的距离。

结构材质：当前梁实例的材质类型。

剪切长度：梁的物理长度，该值为只读，由系统自动计算得出。

（3）选项栏设置

设置完实例属性参数后，还需在选项栏进行相关属性设置。将视图切换到需要绘制梁标高的结构平面，在选项栏可以确定梁的放置标高，选择梁的"结构用途"（与属性框中的信息相同），确定是否通过"三维捕捉"和"链"方式绘制，如图 7-22 所示。

图 7-22

三、梁的绘制与修改

1）梁的绘制

设置完梁的类型属性和实例属性后，在上下文选项卡下的"绘制"选项板中，选择梁绘制工具，将光标移到绘图区域即可进行绘制。

2）梁的修改

创建完项目中的梁后，可以对梁进行修改，以达到设计的要求。结构框架梁的修改主要包括：实例属性参数修改、上下文选项卡面板工具修改和绘图区域中梁的定位修改。

（1）实例属性参数修改

选择已创建的结构框架梁，在属性面板中修改该实例梁的限制条件，如图 7-23 所示。

限制条件	⌃
参照标高	标高 2
工作平面	标高：标高 2
起点标高偏移	0.0
终点标高偏移	0.0
方向	标准
横截面旋转	0.000°

图 7-23

其中，可以设置梁的起点、终点标高偏移值。将梁放置到一个相对于标高固定的高度位置上，高度偏移值设置不同时，就可以布置斜梁。

（2）上下文选项卡面板工具修改

选择已创建的结构框架梁，在弹出的上下文选项卡下，在各选项板中选择合适的工具，修改该实例结构框架梁，具体工具如图 7-24 所示。

图 7-24

其中，"编辑工作平面"工具主要是指给当前结构框架梁指定新的工作平面，如从标高 1 平面指定到标高 2 平面，位置不变，高度发生了变化。

（3）绘图区域中梁的定位修改

选择已创建的结构框架梁，通过临时尺寸标注，可以对梁放置的位置进行精确定位；通过梁两端的拖曳点，可以拖曳梁的端点到另一处位置。

第四节　结构墙

结构墙是一种主要承受垂直力和侧向力并保持结构整体稳定的承重墙或者剪力墙。在创建结构墙体时，不论选择哪类墙，其结构用途都默认为承重。

一、结构墙的实例属性

1）方式

通过项目浏览器打开 F1 平面视图→选择功能区"结构"选项卡→单击"墙"下拉菜

单→单击"墙：结构"，进入结构墙属性面板。

2）属性解读

（1）定位线

墙的定位线用于指定以墙体的哪一个平面作为绘制墙体的基准线。定位方式有 6 种：即墙中心线（系统默认）、核心层中心线、面层面：外部、面层面：内部、核心面：外部、核心面：内部，如图 7-25、图 7-26 所示。

图 7-25

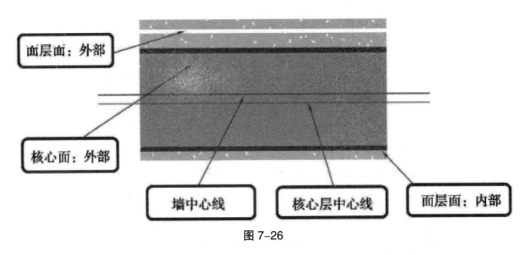

图 7-26

（2）墙底部约束

底部限制条件：指定墙底部高度所在的标高。操作方法：单击 ▼ 可手动选择所在的标高位置，如图 7-27 所示。

底部偏移：指定墙从所限制标高上下偏移的高度。操作方法：手动输入具体数值。

（3）顶部约束和顶部偏移

顶部约束和顶部偏移，与底部限制条件和底部偏移的性质和操作方法相似，此处不再赘述。

（4）结构及启用分析模型说明

勾选"结构"，"结构用途"将显示"承重"；不勾选，则显示"非承重"，如图 7-28 所示。

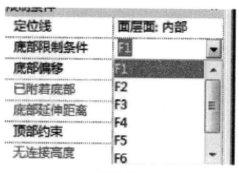

图 7-27

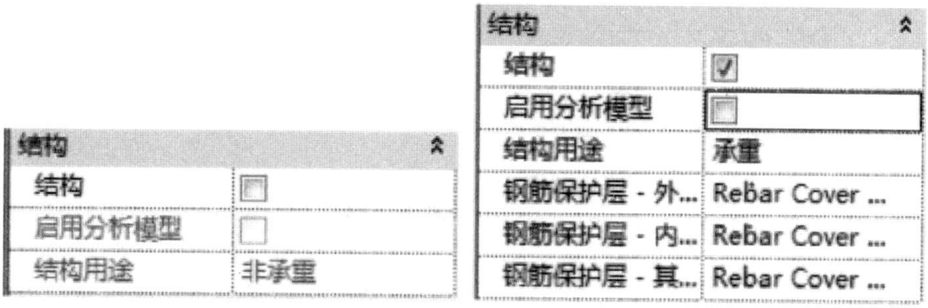

图 7-28

勾选"启用分析模型"会增加系统响应时间，让系统变慢，在建模阶段不勾选，如在结构分析环节，则需勾选。

二、结构墙的类型属性

单击属性面板中的"编辑类型"按钮，进入"类型属性"对话框（图 7-29），在这里需要选择对应的墙族、编辑类型名称、编辑结构层、修改粗略比例填充样式及颜色等，下面分别说明：

1）墙族选项

系统默认墙有三类，即"系统族：基本墙"、"系统族：叠层墙"和"系统族：幕墙"。

基本墙：构建过程中一般用于垂直结构墙体，一般非幕墙墙体选择基本墙建模。

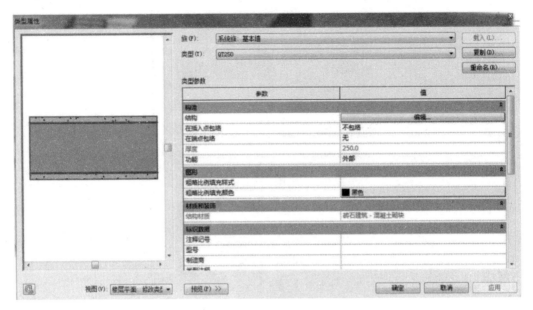

图 7-29

叠层墙：由叠放在一起的两面以上墙体组合而成的墙体。

幕墙：附着于建筑结构，不承担屋顶楼板负荷，具有维护和装饰作用的墙体。

2）墙类型的复制和重命名

在"类型属性"对话框中，单击"复制（D）"按钮，在弹出的"名称"对话框中修改名称，如命名"剪力墙－200 mm"；然后单击"结构"栏右边的"编辑"按钮，进入"编辑部件"对话框，修改厚度、结构层、材质，如图 7-30、图 7-31 所示。

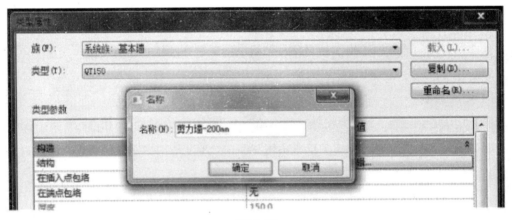

图 7-30

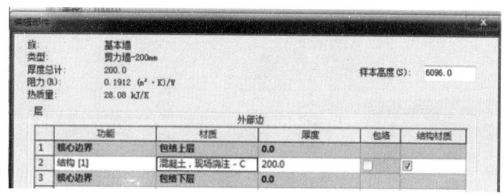

图 7-31

单击"重命名（R）"，可以修改墙类型的名称，如图 7-32 所示。

图 7-32

3）编辑部件

"编辑部件"对话框，如图 7-33 所示。

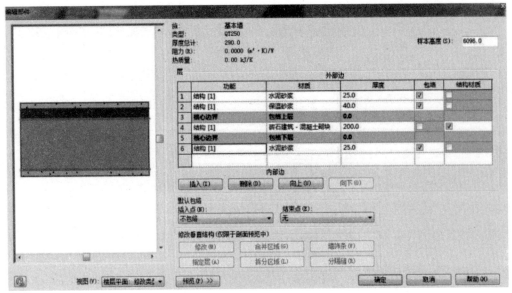

图 7-33

图 7-33 中部分参数说明如下：

功能：可选择不同的墙层。

材质：单击进入材质浏览器对话框。

厚度：可以手动输入墙体的厚度。

插入：可插入新的功能层。

删除：选中某一层，单击"删除"按钮，则删除此层。

向上、向下：可切换不同功能层的顺序位置。

4）材质浏览器

在材质浏览器对话框中，可选取材质，可更改材质的图形、外观、物理属性，可新建材质，以及从材质库找到与实际一致的材质，单击鼠标右键，还可进行材质的重命名、复制等操作，如图 7-34、图 7-35 和图 7-36 所示。

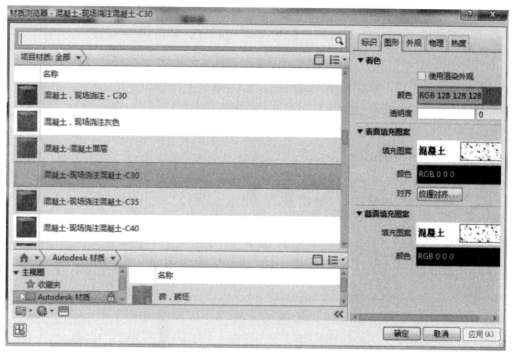

图 7-34

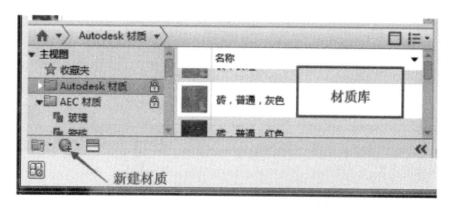

图 7-35

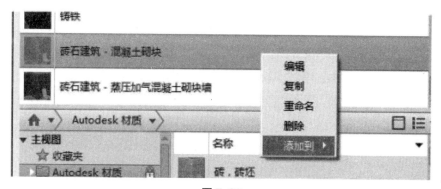

图 7-36

5）其他类型参数

在插入点包络：设置位于插入点墙的层包络，以包络插入的复杂对象。

在端点包络：设置在端点的层包络。

粗略比例填充样式：在粗略比例视图中，选择墙的填充样式。

粗略比例填充颜色：在墙的填充样式里，选择不同颜色以区分不同的墙。

三、结构墙的创建

打开 F1 平面视图→选择功能区"结构"选项卡→单击"墙"下拉菜单→单击"墙：结构"，选择对应的墙→单击"修改丨放置结构墙"（图 7-37）→选择"绘制"方式（直线、矩形等），或选择拾取线→在绘图区域单击鼠标左键，定义墙的起点，向右移动光标，再次单击鼠标左键，定义墙的终点（图 7-38）→连按"Esc"键退出墙的绘制。

图 7-37

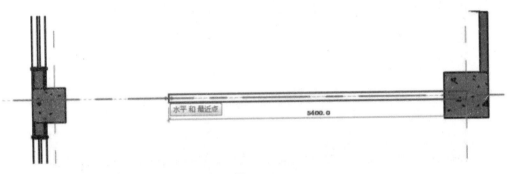

图 7-38

图 7-39 中选项栏参数说明如下：

标高（仅限三维视图）：墙底定位标高。

高度：定位墙顶标高，不选标高，则默认"未连接"。

深度：定位墙顶标高往下偏移，不选偏移标高，则默认"未连接"。

定位线：选择与光标对齐的垂直面或者在绘图区域选定线或面与垂直面对齐。

链：用于绘制一系列在端点处连续的墙。

偏移：指定墙的定位线与光标位置之间的偏移值。

图 7-39

四、 结构墙的修改

结构墙的修改主要是高度和位置修改，有以下几种方式：

方式一：如图 7-40 所示，拖动高亮显示的墙四周所指箭头，可以改变墙体上下的偏移值以及左右的位置，单击数值，也可以直接指定墙体偏移值。

方式二：双击选中墙体，可进入"墙体修改丨编辑轮廓"选项，拖动高亮显示线条，可改变墙体的轮廓（图 7-41）或在墙上开洞（图 7-42）。

方式三：选中墙，在显示的属性面板中修改墙体的限制条件，如图 7-43 所示。

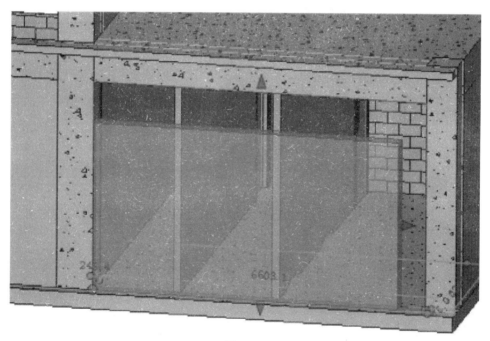

图 7-40

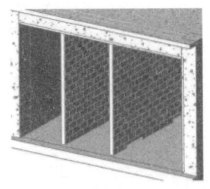

图 7-41

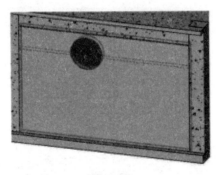

图 7-42

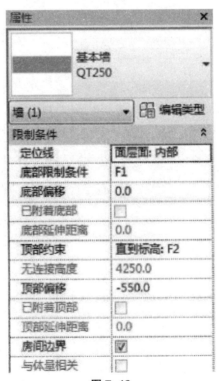

图 7-43

五、巩固练习"墙的布置"

①打开"项目文件 P141010-ARC-F1 ～ F2"，在项目浏览器中，双击 F1 名称，进入标高 1 所在楼层平面视图。

②单击功能区"建筑"或"结构"选项卡中"墙"下拉列表，选择"墙：结构"；选择属性面板中"基本墙"下的任一厚度墙体，单击"编辑类型"按钮，进入"类型属性"对话框，通过复制创建"QT300"剪力墙；在"编辑部件"对话框中设置墙体的功能、厚度、材质，如图 7-44 所示；墙构造层设置：设置墙体功能为外部，插入点、端点包络均为外部，如图 7-45 所示。

	功能	材质	厚度	包络	结构材质
1	核心边界	包络上层	0.0		
2	结构 [1]	混凝土，现场浇注 - C30	300.0		✓
3	核心边界	包络下层	0.0		

外部边

内部边

图 7-44

参数	值
构造	
结构	编辑…
在插入点包络	外部
在端点包络	外部
厚度	300.0
功能	外部
图形	
粗略比例填充样式	
粗略比例填充颜色	■ 黑色
材质和装饰	
结构材质	混凝土，现场浇注 - C30
标识数据	
注释记号	
型号	
制造商	

图 7-45

③在属性面板"类型选择器"下拉列表中，选择刚刚创建的"QT300"剪力墙，设置定位线为"墙中心线"，底部限制条件为"F1"，底部偏移为"0.0"，顶部约束为"直到标高：F1"，顶部偏移为"－600.0"，不勾选"启用分析模型"，如图 7-46 所示。

④单击绘图区域，捕捉到链接底图的墙边，作为"QT300"剪力墙的起点，按"Tab"键，切换墙边位置，从左往右绘制，完成后，双击"Esc"键退出墙的绘制。

⑤按照上述步骤创建本项目的其他结构墙、建筑墙，设置相应参数，依次绘制，结果如图 7-47 所示。

新建 墙	⊞⊟ 编辑类型
限制条件	☆
定位线	墙中心线
底部限制条件	F1
底部偏移	0.0
已附着底部	☐
底部延伸距离	0.0
顶部约束	直到标高: F1
无连接高度	4000.0
顶部偏移	-600.0
已附着顶部	☐
顶部延伸距离	0.0
房间边界	☑
与体量相关	☐
结构	☆
结构	☑
启用分析模型	☐
结构用途	承重
钢筋保护层 - 外部面	Rebar Cover 1 <25>
钢筋保护层 - 内部面	Rebar Cover 1 <25>
钢筋保护层 - 其他面	Rebar Cover 1 <25>

图 7-46

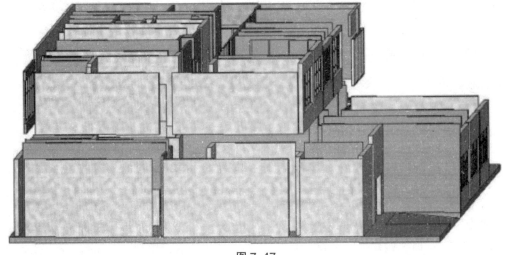

图 7-47

第五节 结构板

在功能区"结构"选项卡中，单击"板"，下拉菜单，有"结构基础：楼板"和"楼板：楼板边"两个选项，如图7-48所示。

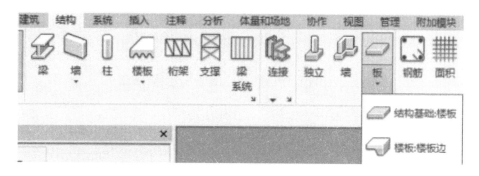

图7-48

一、结构基础：楼板

可单独在完整表面或复杂基础形状上创建板，而无须依附其他图元。

1）执行方式

单击"结构基础：楼板"，在属性面板中，选定"标高"和"自标高的高度偏移"；单击"编辑类型"按钮，进入"类型属性"对话框；再单击"结构"栏右边的"编辑"按钮，进入"编辑部件"对话框（图7-49），修改功能、材质、厚度，具体操作方法与墙编辑相似，此处不再赘述。

2）绘制板

打开F1平面视图，单击"结构基础：楼板"→进入"修改｜编辑边界"（图7-50）→单击"边界线"→选择画板的方法→鼠标左键单击绘图区域，连续画线形成闭合的环（图7-51）→双击"Esc"键退出板的绘制，结果如图7-52所示。

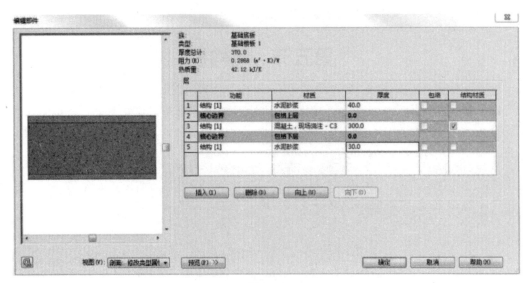

图 7-49

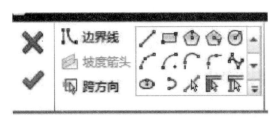

图 7-50

图 7-51

图 7-52

3）创建坡度

单击功能区"结构"选项卡→单击"楼板"工具→选择"绘制"选项板中的"矩形"命令，绘制一个矩形→单击"绘制"选项板中的"坡度箭头"工具，由下到上绘制箭头（图7-53）→设置属性面板中的参数（图 7-54），单击 ✓ 完成绘制，如图 7-55 所示。

图 7-53

限制条件	⌃
指定	尾高
最低处标高	F1
尾高度偏移	-500.0
最高处标高	F1
头高度偏移	0.0
尺寸标注	⌃
坡度	18.43°
长度	21000.0

图 7-54

图 7-55

二、楼板：楼板边

单击功能区"结构"选项卡→单击"楼板"下拉菜单中的"楼板边缘"→拾取楼板边生成楼板边（可通过控制柄控制板边方向）→按两次"Esc"键，退出绘制，绘制结果，如图 7-56 所示。

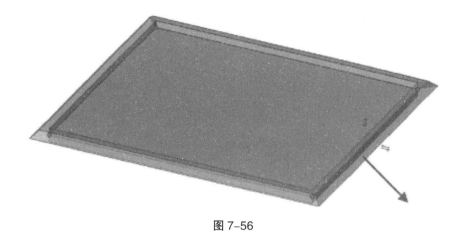

图 7-56

第六节　楼梯

楼梯可以通过"按草图"　　和"按构件"　　两种方式创建。

一、楼梯的创建

方式：功能区"建筑"选项卡→"楼梯"下拉菜单→"按构件"或"按草图"。

1）"按构件"楼梯类型

楼梯的样式主要分为：现场浇注楼梯、组合楼梯、预浇注楼梯 3 种，如图 7-57 所示。

现场浇注楼梯：整体均为一体的造型楼梯，如图 7-58 所示。

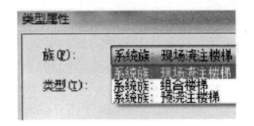

图 7-57

组合楼梯：楼梯梯段和平台板及支撑是不同的材质或造型，多用于满足特殊景观和造型要求，如图 7-59 所示。

预浇注楼梯：平台与梯段直接采用装配方式连接，如图 7-60 所示。

图 7-58

图 7-59

图 7-60

（1）现场浇注楼梯属性解读

现场浇注楼梯"类型属性"对话框，如图 7-61 所示。

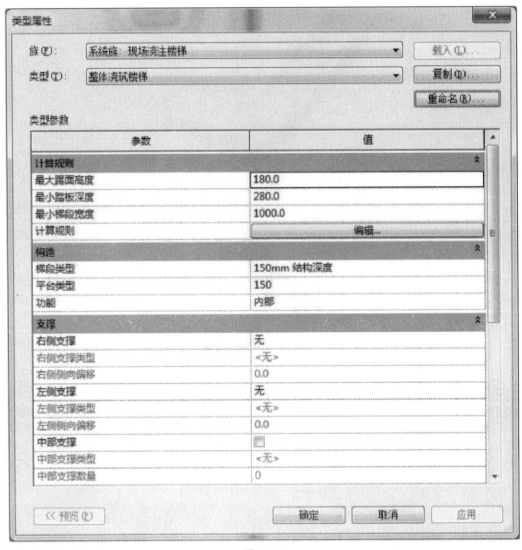

图 7-61

①计算规则。

最大用面高度、最小踏板深度、最小梯段宽度：设置楼梯的规范数值，当楼梯的实例数值超出规定数值时，软件会弹出警告（计算规则一般选择默认即可）。

②构造。

梯段类型：设置楼梯梯段的数值，如图 7-62 所示。

平台类型：指定平台板的厚度与材质。

功能：指定楼梯为建筑内部或外部。

③支撑。

右侧支撑、左侧支撑：勾选即生成左、右侧梯边梁。

右侧支撑类型、左侧支撑类型：设置左、右侧梯边梁的参数。

右侧侧向偏移、左侧侧向偏移：设置左、右侧梯边梁的偏移量。

中部支撑：设置中部支撑梁的形式及参数。

中部支撑类型：设置中部梯边梁的参数。

中部支撑数量：设置中部支撑梁的个数。

（2）梯段类型属性解读

梯段"类型属性"对话框，如图7-62所示。

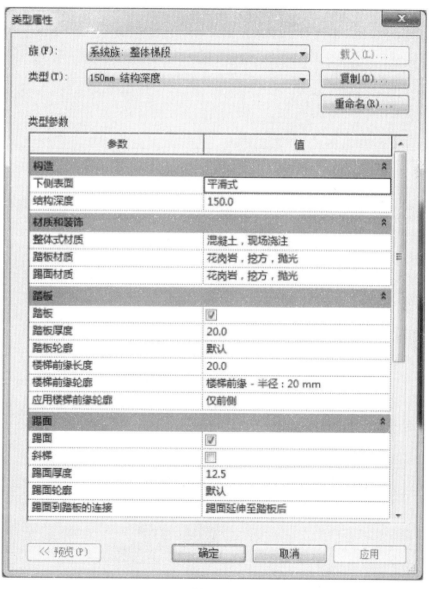

图7-62

①构造。

下侧表面：有两种表现样式，平滑式，如图7-63所示，阶梯式，如图7-64所示。

图 7-63

图 7-64

结构深度：梯段的梯板厚度，如图 7-65 所示。

②材质和装饰。

整体式材质：为楼梯的整体赋予材质。

踏板材质、用面材质：为楼梯的踏板和用面赋予材质。

③踏板。

踏板：勾选即为楼梯梯段添加踏板。

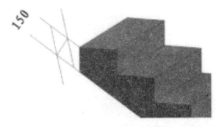

图 7-65

踏板厚度：指定踏板的厚度。

踏板的轮廓：指定踏板的轮廓，可通过"轮廓族"自定义踏板的样式。

楼梯前缘长度：指定踏板前侧的悬批量。

楼梯前缘轮廓：指定踏板前侧的轮廓，可通过"轮廓族"自定义样式。

应用楼梯前缘轮廓：可选择性的为踏板前侧添加轮廓。

④用面。

用面：勾选即为楼梯梯段添加用面。

斜梯：默认踢面为垂直面，勾选即改为斜面。

用面厚度：指定踢面的厚度。

用面轮廓：指定用面轮廓的轮廓，可通过"轮廓族"自定义样式。

用面到踏板的连接：可选择踏板的连接方式。

图 7-65 调整参数后，其样式效果，如图 7-66 所示。

（3）选项栏解读

选项栏和属性面板设置，如图 7-67 所示。

图 7-66

图 7-67

①定位线：指创建楼梯时，定位线在梯段的位置。有 5 种定位方式，如图 7-68 所示，图示解释，如图 7-69 所示。

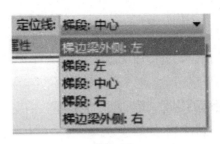

图 7-68

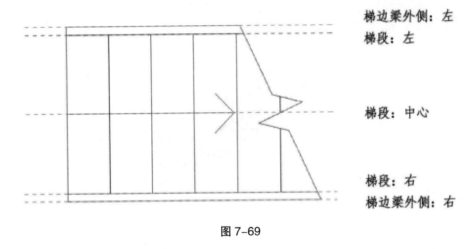

图 7-69

"梯边梁外侧：左"和"梯边梁外侧：右"：指绘制梯段时，定位线将在梯边梁外侧左、右。

"梯段：左"和"梯段：右"：指绘制梯段时，定位线将在左、右梯段。

"梯段：中心"：指绘制梯段时，定位线将在梯段中心。

②偏移量：指创建楼梯时，定位线偏移的距离。

③实际梯段宽度：梯段的绘制宽度会以此数值为准。

④自动平台：勾选后，两段梯段会自动生成平台板（注：自动生成的平台无法编辑轮廓，需要选中平台，将其转换为"基于草图"，如图 7-70 所示）。

图 7-70

（4）属性面板解读

①限制条件：

底部标高、顶部标高：指创建梯段时初始的高度和完成的高度。

底部偏移、顶部偏移：指楼梯距离相对标高的差值。

多层顶部标高：指定另一个层的标高，将完成的楼梯作为样板，向上复制。

②尺寸标注：

所需用面数：根据标高区间的高度计算出来，可自行修改。

实际用面数与实际用面高度：软件自带的计算公式，为楼梯的实例数值，此项不可修改。

实际踏板深度：梯段的踏板深度会以此数值为准。

（5）绘制楼梯

当楼梯的全部参数都设置好后，即可开始绘制梯段。在平面视图下，先单击鼠标左键，指定楼梯的初始位置，软件会提示创建用面数与剩余用面数，如图7-71所示。

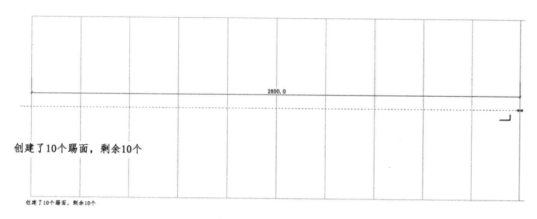

图 7-71

再单击鼠标左键即完成第一段楼梯的创建，用如上方式创建第二段梯段，直至剩余0个，如图7-72所示。单击✔完成创建，即可生成楼梯和栏杆，如图7-73所示。

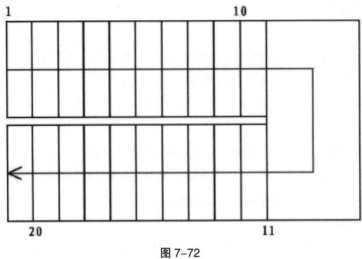

图 7-72

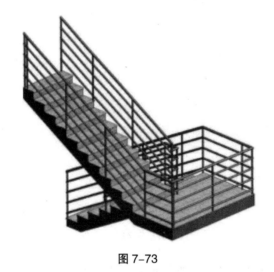

图 7-73

2）"按草图"楼梯类型

草图楼梯多用于装饰效果的异形楼梯。

创建步骤如下：

①先绘制楼梯的边界线（注：边界不能超过两条），如图 7-74 所示。

②然后绘制踢面线（注：踢面线不一定要在边界线内），如图 7-75 所示。

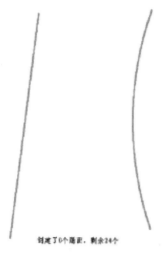

创建了0个隔距，剩余24个

图 7-74

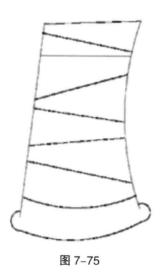

图 7-75

③绘制完成后，单击✔完成编辑，生成效果，如图 7-76 所示。

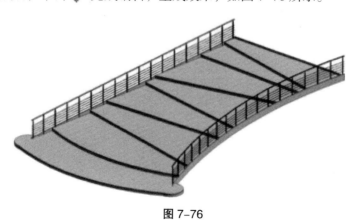

图 7-76

二、实例操作

①打开"项目文件图纸＼结构＼11＃楼梯项目—1（平面图）"，11＃楼梯项目—1（平面图），如图 7-77、图 7-78 和图 7-79 所示。

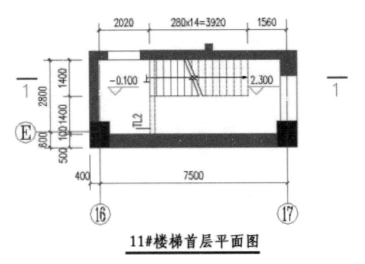

11#楼梯首层平面图

图 7-77

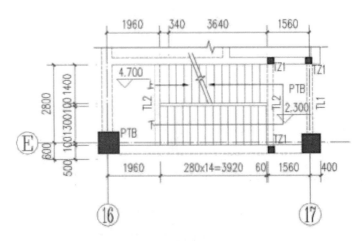

11#楼梯二层平面图

图 7-78

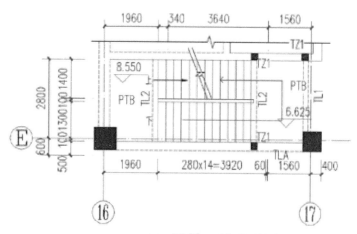

11#楼梯三层平面图

图 7-79

②设置对应楼梯的实例参数：选择"按构件楼梯"绘制，类型为现场浇注楼梯，材质为现场浇注混凝土，梯段结构深度为 160 mm，平台厚度为 120 mm，实例梯段宽为 1400 mm，实例踏板深度为 280 mm，所需用面数为 30 个，设置完成后，开始绘制楼梯。

③先将"11 # 楼梯首层平面图"导入模型对应的位置，绘制第一段梯段，如图 7-80 所示。

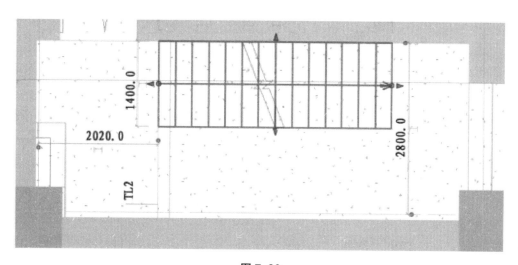

图 7-80

④单击 ✔ 生成楼梯，将"11 # 楼梯二层平面图"导入模型对应的位置，选中楼梯，单击"编辑楼梯"再次进入编辑界面，绘制第二段梯段，如图 7-81 所示。

⑤完成 F1 至 F2 楼梯绘制，F2 至 F3 的楼梯绘制方式同上。完成后，对模型进行切剖，检查"模型的剖面图"与"CAD 楼梯剖面图"是否一致，如图 7-82 所示。

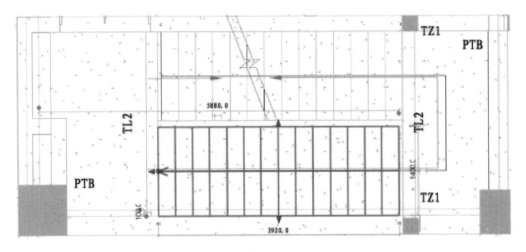

图 7-81

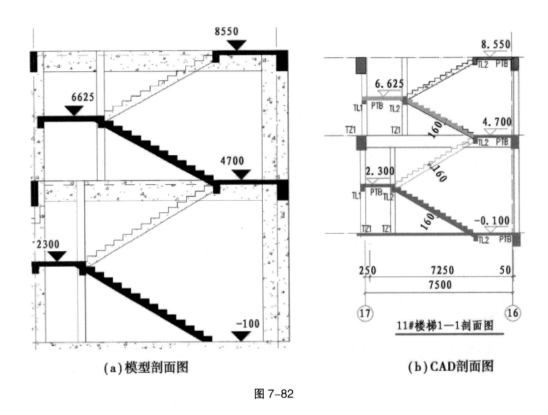

(a) 模型剖面图　　　　　　(b) CAD剖面图

图 7-82

第七节　坡道

坡道的创建方式和楼梯相似，绘制坡道之前，也需要先设置坡道的类型属性。

方式：功能区"建筑"选项卡→"坡道"。

1）坡道属性解读

（1）坡道类型属性解读

坡道"类型属性"对话框，如图 7-83 所示。

①构造。

厚度：当坡道为"结构板"时，该值为结构板的厚度。

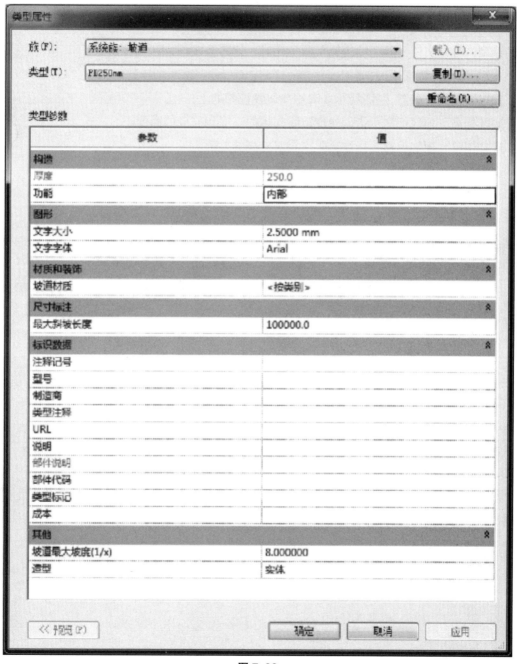

图 7-83

功能：指定功能位于建筑的内部或外部。

②材质和装饰。

坡道材质：指定坡道的整体材质。

③尺寸标注。

最大斜坡长度：指定最大斜坡长度值。

④其他。

坡道最大坡度（1／x）：坡道设定的一个规范坡度值。

造型：有"实体"和"结构板"两个样式，如图 7-84 所示。

（2）属性栏解读

设置属性栏，如图 7-85 所示。对重要属性说明如下：

底部标高、顶部标高：指创建坡道时初始的高度和完成的高度。

底部偏移、顶部偏移：指坡道距离相对标高的差值。

多层顶部标高：指定一个高层标高，将完成的坡道作为样板，向上复制。

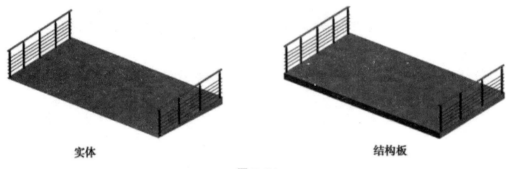

实体　　　　　　　　　　　　结构板

图 7-84

2）绘制坡道

当坡道的全部参数都设置好后，即可开始绘制坡道。

①在平面视图下，先单击指定坡道的开始位置，软件会提示"创建的斜坡坡道"与"剩余"，如图 7-86 所示。

②单击完成点的位置即可生成坡道草图。坡道是由 2 条边界线、踢面线、中心线组成，此时，可以修改边界线来实现一些曲面样式，如图 7-87 所示。

图 7-85

③草图编辑完成后，单击 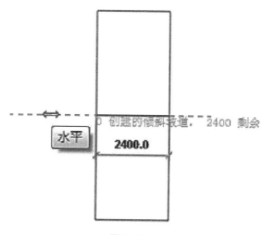 完成编辑，生成效果如图 7-88 所示。

图 7-86

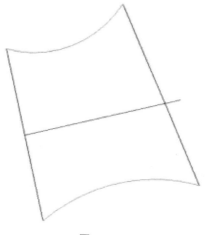

图 7-87

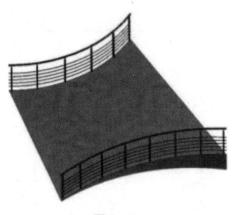

图 7-88

第八节　钢筋

一、钢筋命令

Revit 提供了混凝土柱、墙、梁、基础和结构楼板构件的钢筋配置功能，可以在功能区"结构"选项卡下，"钢筋"选项板中使用"钢筋"工具，如图 7-89 所示。

图 7-89

也可以在选定有效的钢筋主体构件时，在"修改 | 结构框架"选项卡下，"钢筋"选项板中使用"钢筋"命令，如图 7-90 所示。

图 7-90

有效的钢筋主体构件：指材质为混凝土的结构构件和族，如结构基础、基础底板、条形基础、结构柱、结构框架、结构楼板等。

二、构件配筋流程

有效钢筋主体构件配筋的常规流程如下：

1）钢筋设置

布置钢筋前，需使用"钢筋设置"对话框调整钢筋建模的常规设置，如图 7-92 所示。

方式：功能区"结构"选项卡→"钢筋"选项板下拉菜单→"钢筋设置"命令，如图 7-91 所示。

图 7-91

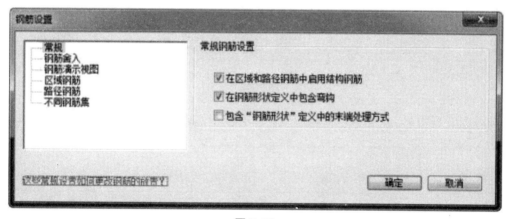

图 7-92

2）保护层设置

布置钢筋前，需要对有效钢筋主体构件的钢筋保护层做一些常规设置。

钢筋保护层：混凝土构件内最外层钢筋的外边缘形成的面层。保护层的位置由混凝土结构相关规范规定（一般给出了保护层厚度的最小值）。在 Revit 中，混凝土保护层位置主要通过一系列实例参数来设定。在已经设置了混凝土保护层的主体构件中，放置钢筋后，该钢筋将自动捕捉已设置的保护层，并延伸至保护层参照面。钢筋保护层参数参照会影响附着的箍筋以及附着到这些箍筋的纵筋。

步骤：

①单击功能区"结构"选项卡→"钢筋"选项板下拉菜单→"保护层"命令，如图 7-93 所示。

②选择要设置保护层的主体图元和面。

③单击主体图元，在"保护层设置"下拉列表中，选择保护层类型，如图 7-94 所示。

图 7-93

图 7-94

3）布置钢筋

①创建一个视图（剖面视图），用于剖切将要配筋的图元，如图 7-95 所示。

图 7-95

②在剖面视图单击"修改 | 结构框架"选项卡下"钢筋"选项板中的"钢筋"命令，如图 7-96 所示。

图 7-96

③在"放置钢筋"选项栏中，单击选项框后面的"启动 / 关闭钢筋形状浏览器"图标，打开钢筋形状浏览器，选择所需的钢筋类型，如图 7-97 所示。如果在钢筋浏览器中，缺少所需的钢筋形状，可以通过载入的方式来添加，如图 7-98 所示。

图 7-97

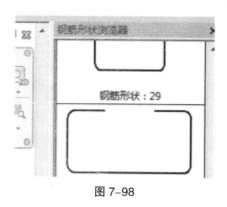

图 7-98

④选择钢筋在主体构件截面放置的方式和根数，如图 7-99 所示。然后在需要配筋的图元截面上单击，即可完成该图元的配筋。

图 7-99

三、实例应用

1）独立基础配筋

独立基础基本信息：基础尺寸为 1 700 mm×1 700 mm×500 mm，基础混凝土强度等级为 C30，保护层厚度为 50 mm，钢筋 As1、As2 为 C16 @ 150（C 为 HRB400 级热轧钢筋），如图 7-100 所示。

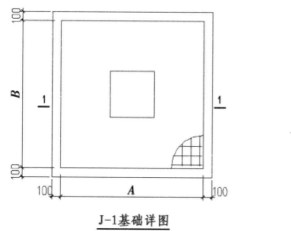

J-1基础详图

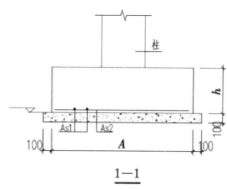

1—1

图 7-100

201

（1）创建独立基础

创建方法参见前面章节介绍，创建结果，如图 7-101 所示。

（2）创建剖面

单击功能区"视图"选项卡下"创建"选项板中的"剖面"命令，创建剖面视图 1，如图 7-102 所示。在项目浏览器中双击"剖面 1"，进入剖面视图 1，如图 7-103 所示。

图 7-101

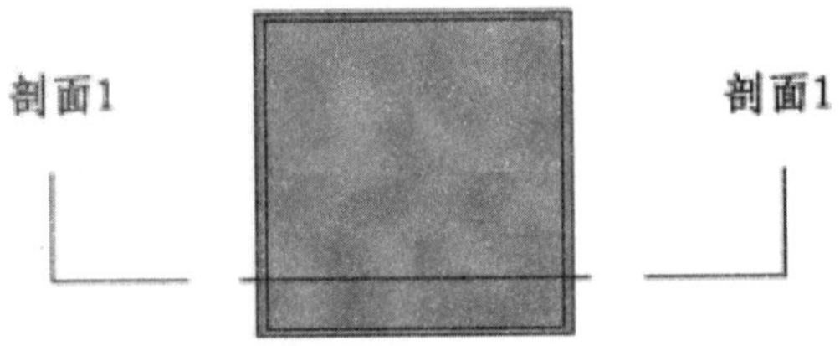

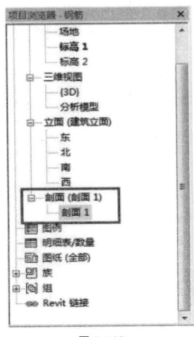

图 7-102

图 7-103

（3）设置保护层

在功能区"结构"选项卡下"钢筋"选项板中，单击"保护层"命令，如图 7-104 所示。

在"编辑钢筋保护层"中设置保护层，如图 7-105 所示。

在弹出的"钢筋保护层设置"对话框中，选择与基础对应的保护层厚度。若没有相应的保护层厚度，可以单击"添加（A）"按钮，如图 7-106 所示。

图 7-104

图 7-105

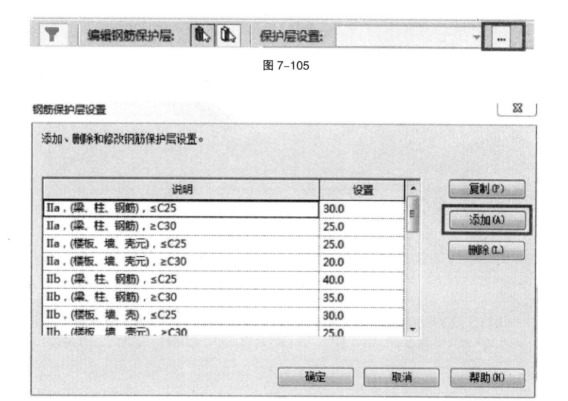

图 7-106

实例独立基础的保护层厚度为 50 mm，在系统默认的选项中没有相匹配的，故需新建一个保护层厚度设置，如图 7-107 所示。单击"确定"按钮，为钢筋保护层选择图元，单击独立基础即可。

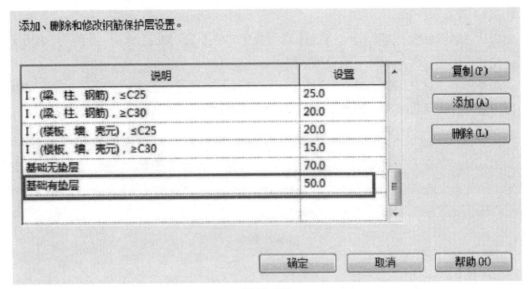

添加、删除和修改钢筋保护层设置。

说明	设置
I，(梁、柱、钢筋)，≤C25	25.0
I，(梁、柱、钢筋)，≥C30	20.0
I，(楼板、墙、壳元)，≤C25	20.0
I，(楼板、墙、壳元)，≥C30	15.0
基础无垫层	70.0
基础有垫层	50.0

复制(P)　　添加(A)　　删除(L)

确定　　取消　　帮助(H)

图 7-107

图 7-108 中箭头所指虚线为保护层内层。

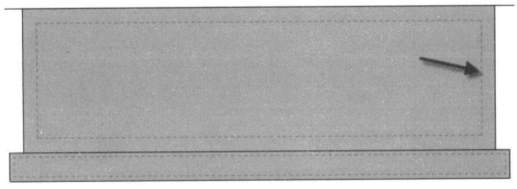

图 7-108

查询构件的保护层厚度：单击构件，在构件属性面板中有钢筋保护层显示栏，如图 7-109 所示。单击钢筋保护层倒三角处，可以选择构件保护层类型，如图 7-110 所示。

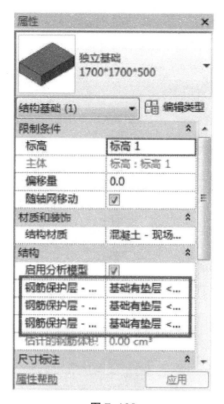

图 7-109

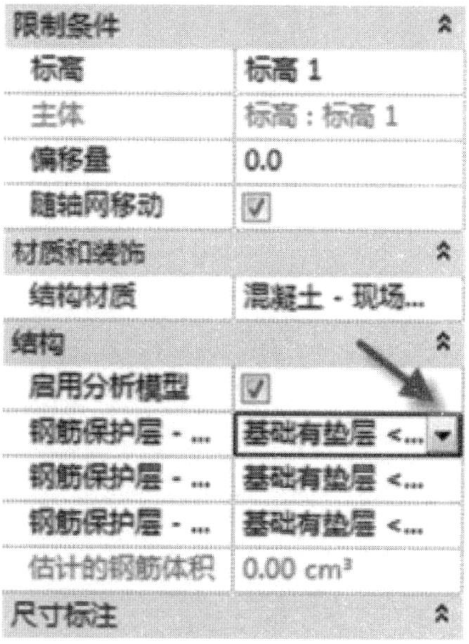

图 7-110

（4）为基础放置钢筋

在功能区"结构"选项卡下"钢筋"选项板中，单击"钢筋"命令，如图 7-111 所示。

图 7-111

在选项栏选择所需的钢筋形状，如图 7-112 所示。在"钢筋形状浏览器"中，可查看所需钢筋的形状，如图 7-113 所示。该实例基础底部钢筋 As1 和 As2 的形状为"钢筋形状：01"。

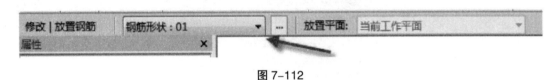

图 7-112

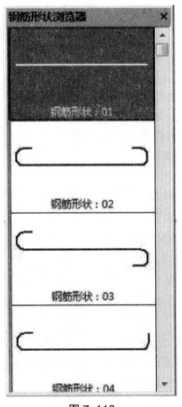

图 7-113

在属性面板"类型选择器"下拉列表中，选择对应的钢筋类型，实例基础钢筋类型为直径 16 mm 的 HRB400 钢筋，如图 7-114 所示。在"放置方式"选项板选择合适的布置方式，该实例 As1 选择"垂直于保护层"方向，如图 7-115 所示。在"钢筋集"选项卡选择合适

的布局方式,该实例 As1 的布局方式为最大间距,间距为 150 mm,数量为 12 根,如图 7-116
所示。

图 7-114

图 7-115

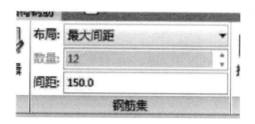

图 7-116

"放置方式"选项板提供了 3 种放置方式:

①平行于工作平面:将平面钢筋平行于工作平面放置。

②平行于保护层:放置平面钢筋,使其与工作面垂直并与最近的保护层参照平行。

③垂直于保护层:将平面钢筋垂直于工作平面以及与最近的保护层参照放置。

放置钢筋后,结果,如图 7-117 所示。

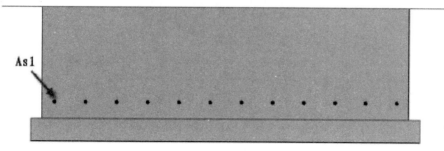

图 7-117

As2 钢筋的放置方法与 As1 大致相同，"放置方向"改为"平行于工作平面"，在此不做详细介绍。此基础实例钢筋布置剖面图，如图 7-118 所示，平面图，如图 7-119 所示，三维图，如图 7-120 所示。

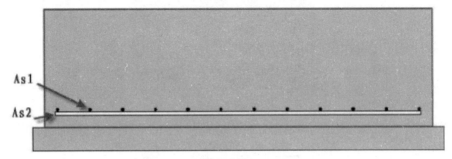

图 7-118

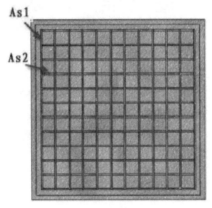

图 7-119

图 7-120

2）楼板配筋

楼板信息：板尺寸为 3 000 mm×3 000 mm，板厚为 100 mm，板受力筋为双层双向布置，板上部钢筋为 C10 @ 100（C 为 HRB400 级热轧钢筋，下同），板下部钢筋为 C10 @ 150，钢筋保护层厚度为 25 mm。

步骤:

①楼板的钢筋保护层厚度设置,其设置方法参照基础钢筋保护层设置。

②实例结构楼板钢筋为双层双向布置,采用"钢筋网区域"命令布置钢筋。单击功能区"结构"选项卡下"钢筋"选项板中的"钢筋网区域"命令,如图 7-121 所示。

图 7-121

③选择需要配筋的结构楼板。

④在属性面板中对钢筋的"构造"和"图层"进行设置,如图 7-122 所示。实例板顶钢筋为 C10 @ 100,钢筋设置,如图 7-123 所示;板底钢筋为 C10 @ 150,钢筋设置,如图 7-124 所示。

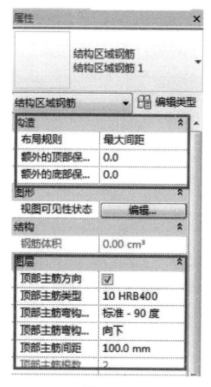

图 7-122

顶部主筋方向	☑
顶部主筋类型	10 HRB400
顶部主筋弯钩...	标准 - 90 度
顶部主筋弯钩...	向下
顶部主筋间距	100.0 mm
顶部主筋根数	30
顶部分布筋方向	☑
顶部分布筋类型	10 HRB400
顶部分布筋弯...	标准 - 90 度
顶部分布筋弯...	向下
顶部分布筋间距	100.0 mm

图 7-123

底部主筋方向	☑
底部主筋类型	10 HRB400
底部主筋弯钩...	标准 - 90 度
底部主筋弯钩...	向上
底部主筋间距	150.0 mm
底部主筋根数	20
底部分布筋方向	☑
底部分布筋类型	10 HRB400
底部分布筋弯...	标准 - 90 度
底部分布筋弯...	向上
底部分布筋间距	150.0 mm
底部分布筋根数	20

图 7-124

⑤单击"修改 | 创建钢筋边界"选项卡下"绘制"选项板中的"线性钢筋"命令，选择"矩形"绘制方式，绘制结果，如图 7-125 所示。

⑥单击"修改 | 创建钢筋边界"选项卡下"模式"选项板中的"完成编辑模式"命令，钢筋布置完成。Revit 将区域钢筋的符号和标记放置在区域钢筋中心的已完成草图上，如图 7-126 所示。

图 7-125

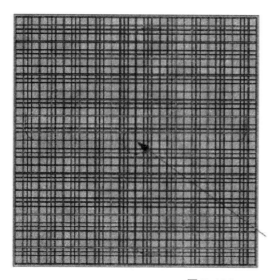

10HRB400@100 mm(T)
10HRB400@150 mm(B)

图 7-126

⑦为了更好地观察钢筋的布置，在此创建剖面，进入剖面视图，如图 7-127 所示。

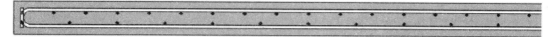

图 7-127

参考文献

[1] 孙飞 . BIM 技术在建筑结构设计中的应用与实践 [M]. 西安：西北工业大学出版社，2021.

[2] 齐宝欣，李宜人，蒋希晋 . BIM 技术在建筑结构设计领域的应用与实践 [M]. 沈阳：东北大学出版社，2018.

[3] 王茹 . BIM 技术导论 [M]. 北京：人民邮电出版社，2018.

[4] 张鹏飞，李嘉军 . 基于 BIM 技术的大型建筑群体数字化协同管理 [M]. 上海：同济大学出版社，2019.10.

[5] 王茹 . BIM 结构模型创建与设计 [M]. 西安：西安交通大学出版社，2017.

[6] 李一叶 . BIM 设计软件与制图 [M]. 重庆：重庆大学出版社，2020.

[7] 徐照，等 . BIM 技术与现代化建筑运维管理 [M]. 南京：东南大学出版社，2018.

[8] 冯为民，肖燕武，徐凯燕 . 建筑工程 BIM 建模设计 [M]. 武汉：华中科技大学出版社，2017.

[9] 安娜，王全杰 . BIM 建模基础 [M]. 北京：北京理工大学出版社，2020.

[10] 徐敏生 . 市政 BIM 理论与实践 [M]. 上海：同济大学出版社，2016.

[11] 叶雯，路浩东 . 建筑信息模型（BIM）概论 [M]. 重庆：重庆大学出版社，2017.

[12] 徐照 . BIM 技术与建筑能耗评价分析方法 [M]. 南京：东南大学出版社，2017.

[13] 郭学明 . 装配式混凝土结构建筑的设计、制作与施工 [M]. 北京：机械工业出版社，2017.

[14] 王君峰，等 . 建筑结构 BIM 设计思维课堂 [M]. 北京：机械工业出版社，2023.

[15] 邹安宇，于敬海 . 建筑结构设计热点问题集萃 混凝土结构 [M]. 北京：中国建筑工业出版社，2022.11.

[16] 黄信作 . 复杂超限高层建筑结构性能化抗震设计与实践 [M]. 北京：中国建筑工业出版社，2022.

[17] 卢瑾 . 建筑结构设计研究 [M]. 北京：中国纺织出版社，2022.

[18] 戚军，张毅，李丹海 . 建筑工程管理与结构设计 [M]. 汕头：汕头大学出版社，2022.

[19] 史庆轩，梁兴文 . 高层建筑结构设计 第 3 版 [M]. 中国科技出版传媒股份有限公司，2022.

[20] 姜峰. 现代建筑结构设计的技巧研究 [M]. 哈尔滨：北方文艺出版社， 2022.

[21] 刘涛. 基于 BIM 技术的建筑结构设计优化方法 [J]. 建材发展导向，2022，（第 24 期）：44–46.

[22] 李亚飞，刘小惠，洪晓萍 .BIM 技术建筑结构设计过程分析 [J]. 工程技术研究，2018，（第 15 期）：16–17.

[23] 曾巧. 基于 BIM 技术建筑结构设计特点浅析 [J]. 建筑知识，2017，（第 10 期）：52–53.

[24] 陈绍楠 .BIM 技术在建筑结构设计中的运用 [J]. 科技资讯，2023，（第 7 期）：86–89.

[25] 严陈 .BIM 技术在建筑结构设计优化中的应用分析 [J]. 四川水泥，2023，（第 3 期）：106–1

[26] 姜建发，王碧云. 建筑结构设计中 BIM 技术的应用探析 [J]. 城市建设理论研究（电子版），2023，（第 15 期）.

[27] 陈淑瑜 .BIM 技术在建筑结构设计中运用分析 [J]. 建材与装饰，2022，（第 34 期）：96–98.

[28] 李光耀，陈晨. 装配式建筑结构设计中 BIM 技术的应用探究 [J]. 中国设备工程，2022，（第 9 期）：222–225.

[29] 李家公，赵连峰. 探析建筑结构设计中 BIM 技术的应用 [J]. 砖瓦，2022，（第 6 期）：91–94.

[30] 陈化晓. 建筑结构设计中 BIM 技术的应用研究 [J]. 建材与装饰，2021，（第 21 期）：74–75.

[31] 王守昶. 探析 BIM 技术在建筑结构设计中应用 [J]. 建筑与装饰，2021，（第 14 期）：132，134.

[32] 田兴明 .BIM 技术在建筑结构设计中的应用解析 [J]. 商品与质量，2021，（第 13 期）：113.

[33] 闫帅. 试析 BIM 技术在建筑结构设计中的应用 [J]. 建材与装饰，2021，（第 3 期）：86–87.

[34] 马春萍 .BIM 技术在建筑结构设计中的应用研究 [J]. 商品与质量，2020，（第 49 期）：95.